ВАЛЕРИЙ ЕЛИСТРАТОВ

ВЕЛИКИЕ ВОПРОСЫ

PUBLISHING & LITERARY AGENCY INC.

© 2021 – **Елистратов Валерий Александрович**

ISBN **978-1-4475-0444-3**

В тексте сохранены авторские орфография и пунктуация.

Published in Canada
by Altaspera Publishing & Literary Agency Inc.

IMPERIUM POSSIDENTES SCIENTIA HABEAT QUI

К вопросу о «*Геноме человека*».

С *1990* года мировым сообществом ученых разрабатывается программа *«Геном человека»*, задача которой является идентификация генов и выяснение *первичной нуклеотидной последовательности человеческого генома.* Наукой пока не достигнуто понимание функциональной значимости исследования последовательностей и как следствие, необходимо дальнейшее изучение молекулярных механизмов функционирования генов,

В настоящее время сформулированы *четыре основные проблемы* исследуемые генетикой: *Проблема хранения генетической информации, Проблема передачи генетической информации. Проблема реализации генетической информации. Проблема изменения генетической информации.*

В пространстве Спираль *ДНК* выстраивается под воздействием *Управляющих Лучей Созвездий* и порядок построения и закладки того или иного *Архетипа* будущего существа зависит от соотношений *Созидательной и Сфокусированной энергии (материи)*. В некоторой степени это положение объясняет проблему реализации генетической информации во взаимодействии с окружающей средой.

Суммарный набор хромосом, определяемый по формуле $X^n + Y^n = Z^n$ является определяющим соотношением для материи будущего тела человека. *Хромосомы* определяют качественные характеристики материи, как проявление наклонностей, способностей, умений и способность к совершенствованию.

Человек предназначен для развития *Разума* (планетарного, галактического, вселенского) на планете в материи и управляется *процессором*, сформированным в т. н. «человеческий мозг». Сам физический мозг, как «устройство» имеет

Эфирное Тело, которое под воздействием вибрации *Луча Контакта* формирует собственное электромагнитное поле вещества мозга и предназначен *пронести серию программ* по развитию разума от примата до сверхчеловека. Система энергетических центров человека напрямую связана с эндокринной системой через железы, которые есть основания этих центров. Энергоинформационный импульс Луча Контакта, уловленный каким – либо центром **Эфирного Тела** переправляется в соответствующую железу, активизируя её деятельность. При этом происходит «расщепление» вещества (секреции) железы на различные химические соединения, как в «электролите», под воздействием энергоинформационного импульса.

К вопросу об **Эфирном Теле.**

Энергия – это субстанция, которая наделена качеством динамической Воли. В пространстве средством взаимоотношений и контактов является эта **Субстанция**, и как следствие этих взаимоотношений, является раскрытие **Знания** (различных его областей).

Эфирное Тело являет собой истинную форму всех физических тел в Природе. Оно выстраивается в тонкой эфирной материи, являющейся формообразующей субстанцией – это материя **Сознания Абсолютной Пустоты** («физический вакуум» – физиков). **Эфирное Тело** состоит из силовых линий – это структурная сеть энергетических потоков в теле человека. Его функция состоит в том, чтобы принимать энергетические потоки (импульсы), активизироваться под воздействием этих импульсов и координировать деятельность биологической мыслящей системы. Все эти потоки воздействуют на тело человека, активизируя его согласно могуществу того типа Энергии, которую контролирует **Эфирное Тело**, действуя как **Концентратор Рассеянной Информации.** Через него циркулирует энергия, исходящая от какого – либо Ума (**Универсального Ума**), т.е. господствующей энергии или группы энергий, на которые человек, группы населения, нация или мир реагирует в любом временном (историческом) периоде. Составленное из вибрирующих энергетических атомов, это тело находится в постоянном движении и следствием такого движения является излучение (аура), которое состоит из излучений эфирной и биологической субстанций. «*Человек – приемник*» – это тот, который осуществил «настройку» биологической мыслящей системы на конкретный *Луч Контакта Сознания Космоса*, контролируемый *Эфирным Телом*. В данном случае человек и сознание пространства имеют однородные качества материи.

Эфирное Тело, являясь «*каркасом*» биологического тела, формирует железы внутренней секреции, оказывает влияние на кровь, изменяет структуру цитоплазмы в клетках тела. Качественные изменения в биологическом организме улучшают контакт «проводника» с *Душой*. Человек получает расширение (качественное изменение) сознания всей системы и становится «элементом отклика» на влияние Высших Планов Сознаний пространства, находя свое место в Эволюции. Высший предел эволюции человеческого существа – «*Божественная жизнь, проявленная в Личности*» – её символ «*Круг с точкой в центре*». «*ОМ МАНИ ПАДМЕ ХУМ*».

Порядок всегда один и тот же: путешествие, новое рождение, жизненный опыт, служение, которое должно быть исполнено, смерть, которую нужно вытерпеть, и затем новое проявление к более широкому служению. Кульминация любой цивилизации отражает её духовное намерение, её развитие присущее массам, как одно из Посвящений (история развития человечества на основе хроники посвятительных процессов под влиянием фундаментальных идей)…

Как «*Душа*» передает информацию биологическому телу (*кибернетическому информационному основанию*)?

Душа (полный геном) взаимодействует через ядра клеток материи биологического тела, нуклеопротеиды притягивают, согласно «*Закону Химического Родства*», из материи Души частицы родственной материи (*Подобное притягивает подобное*), обладающие сознанием (по «*волновому*» принципу) и «закрепляют» поступивший хромосомный набор, Душа, приносящая из пространства материю Управляющего Сознания, становится т. н. «сопрягающим» устройством физического тела с *Лучом Контакта*.

Гены, входящие в структуру хромосом, являются *продолжением Световых Кодов* конкретного *Плана Сознания* пространства. **Гистоны**, через которые реализуется программа деятельности клетки, «запоминают» программу, переданную энергоинформационным импульсом и реализуют (регулируют) процесс биосинтеза **РНК**. В результате происходят изменения в молекуле **ДНК** (мутации), а в **РНК** выстраивается другая *последовательность нуклеотидов*, происходит синтез веществ, которые обеспечивают равномерность ритма деления клеток и их воспроизводство для жизнеобеспечения организма.

Химические вещества биологического тела человека обладают *сознанием минерального мира планеты*. Сознание животного человека пронизывается сознанием Души, осуществляя прямое воздействие на всю полипептидную цепь вплоть до последнего атома. Выстраиваемая материя содержит признаки **Человеческого Архетипа** и *опероны* начинают процесс отождествления генетической информации, поступающей из ядра клетки – «*нулевой точки*» материи.

*Единица наследственного материала – **частица сознания***, несущая программу создания признака, базируется в структуре, называемой «**Универсальный Информационный Интеграл** » (душа). Эта структура передает признаки наследственности от поколения к поколению через воплощения на планете.

Человеческий организм – «*генератор*» строго индивидуального энергетического поля, формируемый в материи Душой, которая пришла в воплощение. **Клетка физического мозга** представляет собой **объединение** двух энергетических электромагнитных полей различного типа (атомного и молекулярного), порождающее соответствующие единицы сознаний, которые составляют совокупный продукт – *Сознание человека*. Взаимодействие этих электромагнитных полей напоминает взаимодействие т. н. «*тахионных пар*».

«*Прошлое*» непрестанно воссоздается Индивидуальностью по мере изменения энергетических потоков в окружающей среде. Человек постоянно меняется, его «*вздох*» и «*вы-*

дох» – есть те самые *полупериоды «отрицательной проводимости»*, когда происходит взаимный обмен информацией человека с окружающей средой.

«Прошлое» – набор электромагнитных связей *хранится в физическом мозге в ячейках памяти молекулярной структуры* и нефизическом разуме.

«Будущее» – *хранится в атомной структуре материи мозга* и сознании. Эти электромагнитные связи можно менять.

«Настоящее» – это взаимодействие электромагнитных связей прошлого и будущего, это и есть *электронное поле клетки* (*сознание*) – как способность восприятия реальности.

Основным технологическим процессом реализации генетической информации в человеке – «*Трансфизическая Транскрипция*».

Синтез информации в ядре клетки, переход с *нуклеопротеидов на нуклеотиды ДНК,* далее последовательность нуклеотидов ДНК «переписывается» в нуклеотидную последовательность информации РНК, затем через посредство медиаторов транслируется в *цитоплазму*, *рибосомы*, где синтезируется белок. Последовательность нуклеотидов информации РНК переводится в последовательность аминокислот по «дорожкам», выстроенным полипептидными цепями по направлениям *энергетической структуры* биологического тела.

Энергетические структуры ДНК – «*каркасы*» из фосфорных соединений.

Обмен азотистых соединений происходит в синтезирующемся белке за счет соединения и взаимного поглощения т. н. «*нулевых точек*» ядер субстанции, при этом осуществляется передача информации от клетки к клетке (от ядра к периферийным областям).

В процессе протекания энергии в *нуклегистоне* происходит замена тимина на урацил; дезоксирида на рибозы; появляются рибосомы, начинается синтез белков и частичный «фотосинтез» углеводов; появляются частицы крахмала, сахара, гликолена.

Биохимические процессы изменяют структуры «*спинов*» частиц материи мозга человека, создавая новое электромагнитное **«торсионное»** поле, которое оказывает сильное влияние на формирование нового **психического строительного материала** всего биологического тела, тем самым совершенствуя «проводник». Так осуществляется «переход» **Информации** в сознание человека, которая обрабатывается сначала на семантическом уровне, а затем преобразуется в информацию на уровне физического тела (соматическом) и «выводится» в виде речи, действия и т.д.

Швейцарские ученые обнаружили фермент, который блокирует клетки памяти. **«Протеинфосфотаза»** – продукт отходов биосинтеза простых белков и фотосинтеза углеводов, т. е. соединение протеина и солей фосфатной кислоты. Эти отходы должны выводиться кровеносной системой. *Мембрана клетки имеет диаметр отверстий – **0,01 A*** и если они засоряются, то нарушается обмен информацией как внутри клетки, так и между ними. Нарушение последовательности нуклеотидов (искажение информации) приводит к образованию наследственных изменений в человеке.

Ядро клетки – «нулевая точка» вихря – есть материальная основа, где заключена и хранится генетическая информация, а матрицей памяти являются нуклеопротеиды. Поскольку информация представляет собой **«модулированный сигнал»**, т. е. частоту и длину волны всех «датчиков», цвет материи, сознание тела – это и есть **Код**! При воздействии на электронное поле человека в нем возникают **«спиновые»** структуры, повторяющие **«спиновую»** поляризацию **Управляющего луча** пространства и таким образом осуществляются изменения характеристик материи биологического тела. Внешними факторами могут выступать различные **Созвездия, Солнце, Луна,** электронные поля других систем и т. д.

Существуют **«технологии»,** позволяющие осуществить полную или частичную замену **«хромосомного»** набора, произвести **«инметаллизацию»** отдельных частей физического тела, включая головной мозг (создание высокоразвитых существ) т. к. **атом содержит 63 миллиарда частиц,** которые можно привлекать из **Непроявленной Реальности** (технология «инметаллизации» фрагментов человеческого тела применяется медициной в настоящее время, но на примитивном уровне). Осознание того факта, что проявленное Сознание формирует само для себя тело проявления т.е. «*форму познающей активности*», дает возможность использовать данное обстоятельство в медицине. Например: изменение «*констант*» позволяет осуществлять вывод негативной материи из клеток тела, обеспечивая его оздоровление, используя «*инметаллизацию*» можно создавать «тантало – платино – золото – иридиево – водородную» структуру клетки, что увеличивает «*нейродинамику*» физической материи, др. словами увеличить скорость нейрохимических процессов в организме и как следствие, возрастет скорость обработки информации мозгом. Следует упомянуть также о «*технологии микрофильмирования*» информации в биологическом теле, что позволяет «высвободить» часть зон, содержащих информацию для принятия и хранения новой.

Под воздействием энергетических потоков в пространстве частицы материи, проникая через *ячейки энергетических «решеток»,* устремляются к планете, по пути создавая более крупные формы образований т.н. «*хромосомных наборов*» различной плотности. *Нуклеопротеиды*, содержат в себе «*хроматины*» – частицы сознаний, сохраняющие память о наследственных признаках. Эти электронные частицы формируют *биополе человека* (ауру), хроматины которого притягивают материю необходимого качества из окружающей среды. «*Вдох и Выдох*» у человека – это и есть те самые «полупериоды» для передачи энергии через «ауру» от «*среды к телу и от тела к среде*». Это своего рода эфирная форма жизни (*сознание*). Тип человека (негативный или позитивный) определяется качеством притягиваемых частиц пространства и качеством самой материи тела. «*Какова эндокринная система человека, таков и сам человек*». Все это, в совокупности, проявляется как характеристики групп населения, наций, и человечества в целом.

Известны параметры винтовой спирали ДНК : диаметр – 14 А ; шаг спирали – 24 А; смещение ветвей на 0,5 периода ; развернутая длина одного витка – 52,22113 А. На один виток спирали ДНК приходится 24 нуклеотидов.

Структура *ДНК* является отражением в материи (*экстернализацией*) реального энергоинформационного поля и может рассматриваться как «*параметрический резонатор*», в котором возбуждаются колебания энергии данного поля в целях приема или излучения информационных сигналов. Именно таким способом осуществляется передача информации от ядра клетки через *нейромедиаторы*, создавая *программную последовательность* нуклеотидов в полипептидных цепях. Аналогично рассчитываются резонансные параметры *кодонов, длину информационного кода*, длину «*стоп – кодона*» и т.д.

Длина витка **L** и шаг спирали **X** имеют пропорцию « *антенн круговой поляризации*». Это обстоятельство позволяет более точно изучить « *механизм передачи данных*» как внутри клеток, так и между клетками конкретного органа биологического тела. Возможно *создание систем* для организации необходимого хромосомного набора; *управляемого волнового воздействия* на молекулу **ДНК** организмов в целях их восстановления; предупреждения деградации биологических видов из-за изменений генетического кода, а также изменений характеристик среды обитания. Более подробно об этом изложено в ст. « *Заметки на полях*» « *К вопросу о генной инженерии*».

Генетический аппарат биологических организмов способен передавать и принимать информацию с помощью электромагнитных и акустических волн; и происходит это с помощью **Энергетической Светокопии** (биоэнергетической структуры тела – *Кибернетического информационного основания, Эфирного Тела*) и **Энергетической Голограммы** – *структуры энергетических потоков* (*Универсального Информационного Интеграла*).

$$A^S$$

MAGNUM OPUS DEUS SANCTUS
SANCTUM REGNUM

IMPERIUM POSSIDENTES SCIENTIA HABEAT QUI

Информация к размышлению.

Сдвиг сознания стимулируется за пределами Солнечной Системы (см. схемы в книге «*Явная Доктрина*», автор Осипова З.М.) и затронет её саму. *Человечество*, как *класс Природы* на планете и как *форма развития разума* в данной среде обитания, предназначено также для *переработки* материи миров, прекративших свое существование. Оно также как и планета будет испытывать все «метаморфозы» этого перехода. Выдавая предупреждающую информацию о грядущих катаклизмах, Управляющие Сознания Пространства подсказывают, что эта планета, если всё будет продолжаться так, как сейчас, и не произойдет никаких перемен в сознании человечества, станет *необитаемой*. В свое время (Лемурия, Атлантида) на планете была апробирована «правополушарная техника» по управлению сознанием, разработанная на одной из планет Сириуса. Использование этой технологии в значительной степени трансформирует пользователя, что дает положительный эффект при «*квантовых*» переходах биологических организмов. Пользователь начинает осознавать, как можно изменять ситуацию в окружении, в мире и делать все, получая знания изнутри.

«*Конец Света*», о котором много разговоров в СМИ, это – «*конец знания*», т.к. «*свет*» – это информация, которую получают жители планеты через свои «проводники» и используют её в своем развитии. То, что мы с Вами будем наблюдать в самом ближайшем будущем – «*конец времен*». (« *Когда замкнется цепь времен грядущих, умрет все знанье свойственное нам*» И.В.Гете «Фауст»). Наша планета действительно завершает свой цикл движения по гелиоцентрической орбите, который длился **25 920 лет.** *Управляющим Центром Вселенной* будет инициирован *Энергоинформационный Импульс из Центра Галактики Млечный*

Путь, который вложит в Сознания планет новую Программу развития Солнечной системы. К этому времени тела планет и их Управляющие Сознания будут готовы приять такую Программу.

В настоящее время сознания всех планет нашей системы «разложены», другими словами они «условно умерли». Есть такое понятие «*оккультная смерть*» – это когда тело функционирует в режиме глубокого «сна» и его высшие принципы (тонкие тела) выведены из тела проявления и энергетическая структура сознаний самого тела и принципов разрушены. Изменены все «*Константы*» взаимодействия среды в пространстве, физикам они хорошо известны – их *6* и разрушена *энергетическая структура* самого пространства. Новая тонкая материя Луча Галактики заполняет тела и сознания планет системы. Далее начнется процесс « *трансмутации*», «*трансформации*» и «*преображения*» всего сущего в нашем пространстве строго по технологии «*Трансфизической Транскрипции*». Произойдут изменения качественных характеристик, как тел планет, так и их сознаний. Это затронет и человечество. Весь этот процесс можно сравнить с передачей «энергоинформации» в биологической клетке организма от энергетического центра к клетке, где используются полипептидные цепи, а здесь вместо них используются тела планет. Получив импульс, планета некоторое время будет «болеть», «трансформироваться», а когда наступит её «выздоровление», она вновь отправится в «новое» путешествие по какой – то своей орбите, с человечеством или без него, *это уж зависит теперь не от людей.*

В настоящее время ученые многих стран фиксируют ослабление и флуктуацию магнитного поля планеты, происходят необратимые процессы, связанные с нарушением его равновесия. Появляются зоны, где магнитное поле либо отсутствует совсем, либо оно очень слабое. Тело планеты начинает впитывать космическую радиацию, которая разрушает энергетическую структуру материи коры и воздействует на её ядро. *Энергетическая структура ядра разрушена.* Все это создает нестабильное состояние материи земной коры, возникают динамические процессы внутри тела планеты, что может привести к нарушению равновесия континентов.

Это может спровоцировать движение земной коры вокруг астеносферы. *Деформация земного шара, разница в скоростях вращения на экваторе и территориях ближе к полюсам, увеличение угла наклона земной оси к плоскости эклиптики* может спровоцировать расплавленную массу, которая создает магнитное поле, вызвать разрушения в теле планеты. Разрушение литосферы начнется в местах, где ослаблено магнитное поле. В движение придет мантия планеты. Движение тектонических плит, если такое произойдет, вызовет провалы территорий, землетрясения, извержения вулканов, изменения климата на планете и появление других нежелательных последствий (цунами и т.д. и т.п.).

Понимание надвигающегося сдвига измерений в космическом пространстве постепенно просачивается на низшие уровни правительств на планете. В течение долгого времени об этом переходе знали только в т.н. *«тайном правительстве»*, и только привилегированные правительственные чиновники. Теперь же это стало известно многим, живущим на планете и во многих государствах. *Информация о переходе планеты*, да и всей Солнечной системы, на более высокие уровни развития, *была доведена до человечества* с помощью различных источников, включая информации из т.н. *«священных писаний»*. Если быть точным, в 1986 году, *«тайное правительство»* пришло к выводу, что никакого смысла в возвращении на Марс нет. Они видимо полагали, что *НЕКТО* поможет им сделать атмосферу на Марсе и условия среды как на Земле? Наивно, но зато есть куда тратить деньги, украденные у населения. Сейчас эти «ребятки» понимают, что они также в «стойле» как и все остальные на планете и шансы выжить уравнялись. Они всего лишь часть чего – то, хотя им никогда не хотелось быть этой частью. Есть еще проблема – военные, которые, сами того не понимая, создают проблемы себе и окружению. Изобретая «доктрины врагов» они обрекают себя и часть человечества на гибель, совершенно неоправданно.

Какой будет сценарий? Будут большие потери, как биологических видов, территорий многих государств, так и их самих. Полностью будут «размагничены» тела планет и форм развития разума, которые на них существуют. Изменение географии Земного шара, хаос, потеря сознаний, болезни, эпидемии и все остальное, что обычно сопровождает, подобные процессы в космических пространствах любого типа. Любой переход – это серьезные издержки во всем.

Евроазиатский континент.

Исчезнут государства: Япония; Индонезия; Малайзия; Филиппины; Камбоджа; Вьетнам; Мьянма; Бангладеш; Оман; Йемен; Саудовская Аравия; Португалия; Бельгия; Нидерланды; Дания; Литва; Латвия; Эстония.

Потеряют территории: КНР – 79 %; Ирак – 79 %; Индия – 89 %; Испания – 34 %; Ирландия – 37 %; Исландия – 78 %; Англия – 67 %; Франция – 34 %; Норвегия – 95 %; Швеция – 32 %; Финляндия – 47 %; ФРГ – 57 %; Польша – 77 %; Белоруссия – 72 %; Украина – 37 %; Швейцария – 8 %; Словакия – 80 %; Венгрия – 33 %; Румыния – 69 %; Турция – 38 %; Сирия – 87 %; Израиль – 98 %; Греция – 85 %; Италия – 70,3%; Болгария – 24 %; Югославия (общ.) – 30 %;

Российская Федерация – 74 %; начиная от **параллелей 80 градуса, 40 и 50 градуса северной широты, и меридианов 30 и 170 градусов восточной долготы**, начиная с северных территорий (см. общедоступную карту страны по часовой стрелке **от 30 меридиана**), практически **всё на площади от 80 до 60 параллелей северной широты (включительно)**, останутся лишь некоторые возвышенности. Если рассматривать территорию России с юга на север, **начиная от 40 параллели**, **то потеряется территория от линии Кавказа до срединной линии между Ростовом – на – Дону и Волгоградом**. На востоке страны потеряется территория, начиная **от Находки (далее на запад и север) Братск, включая о. Байкал**.

Американский континент.

Исчезнут государства: Гватемала, Гондурас, Никарагуа, Панама, Куба, Ямайка, Колумбия, Венесуэла, Эквадор, Гайана, Суринам, Гвиана, Уругвай.

Потеряют территории: Канада – 77 %; США – 89 %; Бразилия – 97 %; Мексика – 77 %; Перу – 32 %; Аргентина – 77 %; Чили – 27 %.

Африканский континент.

Исчезнут государства: Сомали, Кения, Танзания, Уганда, Малави, Мозамбик, Намибия, Ангола, Конго, Габон, Камерун, Нигерия, Бенин, Того, Гана, Либерия, Сьерра Лионе, Гвинея, Сенегал, Мавритания, Марокко, Тунис, Эритрея.

Потеряют территории: Судан – 90 %; Египет – 87 %; Ливия – 88 %; Мали – 75 %; Алжир – 90 %; Ботсвана – 70 %; Замбия – 75 %; Д.Р.Конго – 85 %; ЮАР – 88 %;

Исчезнут островные государства: Шри Ланка, Соломоновы о – ва, Новая Гвинея, Новая Зеландия, Маврикий, Мадагаскар, Гренландия, Сейшельские, Канарские, Бермудские, Азорские, Кабо – Верде, Австралия потеряет территории – 79 %.

Как к этому подготовиться? Ответ на этот вопрос для каждого человека строго индивидуален, ибо сказано: «**Каждому по делам его**». В одном из писем М. Нострадама, найденном в библиотеке Лувра в Париже, **от 05.03.1555 г.**, адресованном его сыну Цезарю, сказано: «**Сын мой, Цезарь, тех, кому надо пересесть на другой поезд, Господь давно определил и большинство билетов роздал**»

A^s

P.S. Есть очень важное замечание: «**Хочешь насмешить Господа, расскажи Ему о своих планах**». Господа! Давно пора бы понять, что есть План Бога по переустройству Вселенной, есть те, кто его проводит в жизнь, а ваших планов здесь нет. Вы всего – «**созданные по образу и подобию**», но не Господа!!! **Невежество не изменяет сути вещей, но усугубляет последствия…**

MAGNUM OPUS DEUS SANCTUS

IMPERIUM POSSIDENTES SCIENTIA HABEAT QUI

Структура Вселенной

(кратко)

> «*...Из голых слов, ярясь и споря,*
> *возводят здания теорий*»
> «Фауст» И.В. Гете

Во всех эзотерических духовных традициях Вселенная начинается с Единства. Оно имеет форму сферы, её называют Универсальной Сферой, не обладающей ни временем, ни пространством, бесконечно большой и бесконечно малой (все зависит от перспективы), и, конечно, обладающей сферической симметрией. Физики отождествляют ее с *"Абсолютным Физическим Вакуумом" (АФВ)*. «Единство выбрало разделиться». В эзотерической науке это положение выражается как "Одно, разделившееся на два". Вселенная – это Первичное Живое Существо, создающее потомство «по своему образу и подобию». В Сфере формируется область материи, которая принимает *форму "плоского" диска. Наибольшее давление во всей Универсальной сфере сосредоточено на оси север-юг. Наименьшее давление* будет в плоскости эклиптики, *представляющей собой плоскую область, горизонтально распространяющуюся на экваторе Универсальной Сферы.* Область низкого давления стразу же заполняется материей, выделяющейся из Центрального Солнца. *Комбинированная структура «темной» материи в Универсальной Сфере пребывает в состоянии вращения, вся формирующаяся материя тоже будет вращаться. В плоскости эклиптики в зоне низкого давления, появляется центробежная сила.* Из области экватора высвобождается *часть комбинированной «темной» материи-энергии,* которая распыляется в зоне низкого давления эклиптики, излучаясь в спиралевидной форме, напоминающей структуру рукава Галактики.

На каждом уровне Сфер присутствуют вращающиеся в противоположных направлениях энергетические поля, Центральная ось вращения сферы, " сферы" разной плотности энергии и материи, которая выбрасывается в плоскость диска эклиптики. Центральная Ось, на которую «нанизана» Галактика Млечный Путь и Солнечная система, проходила (до **1992** года) через Северный Полюс Галактики в созвездии «Волосы Вероники», Полярную Звезду в северном полушарии, через Звезду Мимоза в созвездии «Южный Крест» и Южный Полюс Галактики в созвездии «Скульптор». Эта ось – центр масс нашей Вселенной, своего рода «небесная центрифуга». *Центр Галактики – это на самом деле первичный источник втекающей торсионно-волновой энергии. В этом случае представляется, что торсионные волны распространяются вместе с рентгеновскими длинами волн электромагнитного энергетического спектра. Активность Солнца может увеличивать или уменьшать силу торсионных волн, входящих в Землю, без притока из Галактического Центра будет намного меньше энергии.*

Любое внезапное движение материи является активатором энергии вакуума, т.к. импульс создает в вакууме вихревой поток. Скалярный потенциал возникает в результате взаимного аннулирования векторов электрических полей противоположных знаков. Симметрия векторов электрических полей ионов создает скалярный потенциал. Колебания «*энергии нулевой точки*» – «*осцилляции в эфире*» – служат *единой основой* сознания, материи и энергии нашей вселенной. Когда этим колебанием является когерентный спин – в обычном пространстве это проявляется как элементарная частица. Поток в вакууме или поток энергии нулевой точки, когда элементарные или субатомные частицы являются вихрями в эфире, прямо указывает на то, что вакуум пребывает в турбулентном и текучем состоянии. Вихревая структура объясняет устойчивость индивидуальности каждой частицы – *локализованная устойчивость индивидуальности.* Холодная плазма – сфера *темной материи* – должна быть зажата между электромагнитными полями с нулевыми векторами, а это достигается за счет вращения в противоположных направлениях и наличии вихревых форм – *вращательно поступательно спирально – циклического движения в пространстве*. «Импульс – электромагнитные поля с нулевыми векторами – вращение электромагнитных полей в противоположных направлениях» предполагает создание устройства квантовой когерентности.

Эфир – «*Х – энергия*», пронизывающая все окружающее пространство и наполняющая ею постоянно все остальные виды энергий и материи – *энергия эфира (вакуума)*. Любое вещество – это разомкнутая энергетическая система. Механизм энергетического взаимодействия «*Х- энергии*» с веществом и известными полями определен *резонансными параметрами*. Простые элементарные частицы – электроны, протоны, являются *открытыми* энергетическими системами. Эти простейшие «кирпичики» материи фактически питаются внешней энергией. Именно *энергия физического вакуума* обеспечивает электронам и протонам требуемую энергию на их «вечное» вращение, а также существование остальных видов энергии. Расширение Вселенной будет происходить до тех пор, пока элементарные частицы не превратятся в «*тёмную*» материю – т.н. «*реликтовое*» излучение («*Сфера чистой Тьмы*»), которое есть результат аннигиляции материи. Остается энергия «*вакуума*», которая абсолютно будет доминировать во Вселенной. Наступит «отдых» пространства. Вихревая модель ядерной физики *О.К. Хильгенберга, Н.Теслы, К.Ф. Крафта, Э.Т. Уиттекера* являет собой законченную теорию формирования пространства, о которой упоминается в писаниях древних исследователей.

Академик **Г.И. Наан** сказал: «*Все есть вакуум и все из вакуума*». Все во Вселенной погружено в вакуум и движется в нем и внутренняя структура частиц, рождающихся из вакуума в сильных электромагнитных и гравитационных полях и затем аннигилирующих, представляет собой среду, благодаря стабильности которой, сохраняются следы происходящих в ней процессов. Именно *вакуум выполняет функцию мировой «памяти», в нем формируется «код», управляющий развитием материи в пространстве и позволяющий осу-*

ществить *функционирование человека в энергетической форме.* Единая информационная структура (голограмма), где развиваются биологические организации и их психические функции не изолированы. Они включены в «память» Единой структуры, где пространственно – временные структуры, представляют собой системы волновых характеристик с их амплитудами. («*Длина волны – ключ к Вселенной*»).

Все объекты Вселенной находятся в скрытой волновой форме в любой точке пространства и изменение волновых (частотно – амплитудных) характеристик электронного поля человека (сознания) позволяет обнаруживать скрытые объекты. Идея **Д. Бома** об «*имплицитном*» (свернутом) порядке не проявленной реальности, из которого получается «*эксплицитный*» (развернутый) обычный для восприятия порядок, в настоящее время получила подтверждение в научных исследованиях. В результате циклического развития биологических организмов (людей) эволюция превращает их в *сгустки лучистой энергии,* содержащие мысли, переживания, знания, которые заполняют все пространство и дополняются структурным элементом, как «память». Сознание «*физического вакуума*» – *сознание «нулевой точки»* материи сгустка, которая есть «*уровень стабильности*». Физический вакуум представляет собой энергетическое состояние различного рода физических полей и обладает сложной структурой.

В структурной организации Вселенной любой уровень имеет определенную «квоту» энергии в пределах своего плана. Это поддерживается нагнетанием «*нуль – энергий*» из пространства через НЦЛС (нейтральные центры латентной силы) – «*нулевые точки*» материи данного космического плана. Число этих уровней может быть неограниченным, но существует некий «*высший предел неограниченного ряда*» уже для конкретного пространства (например – *63 миллиарда частиц* до физического вакуума). «*Нулевые точки*» формируют характеристики материи данного плана (цвет, длину волны, структуру частиц). *Физический вакуум – идеальная среда для сохранения любой информации и выступает как основа Единого Информационного поля, как человечества, так и пространственно – временных струк-*

тур различного типа, с которым человеческое сознание может входить в контакт.

В Природе существует минимальный интервал времени (период), который определяется энергетическими параметрами каждого процесса, создающего некоторую *пространственно – временную структуру*, будь – то пространство планеты, атома, *ДНК* и т.д. Сюда ближе подходит термин *«корпускулярно – волновой пакет»*. Следует знать, что теория *«Гилозоизма»* верна для космического пространства любого типа и любой *Атом* материи всегда(!) соединен со своим Единством вплоть до *Центральной Точки*. Единственная разница состоит в расположении и количестве электронов в нём. Понятно, что звёзды будут тем или иным способом *«умирать»*, но будут образовываться и новые. Этот процесс не бесконечен, слабосветящиеся объекты – белые и тёмные карлики, нейтронные звёзды и *«чёрные дыры»*, они также погибнут, исчерпав запасы энергии.

«Темная материя, Материя Темного Света – суть Универсальное Сознание Космоса, обогащенное Знанием, цивилизаций прошлого, настоящего и будущего; всем необходимым для творчества. Это хорошо описано в *«Станцах Дзиан»*, *«Канджур»* задолго до того, как появились различные теории. Известно также, что любой аспект сознания имеет собственный потенциал энергии и структуру. Атом содержит частицу сознания (тело *«нулевой точки»*), через которую протекает «нуль-энергия» соответствующего космического плана Сознания и которая «оживляет» данный атом. Существующими на планете приборами это зафиксировать невозможно. Вы же не можете измерить количество *Ума* линейкой или циркулем?! Это можно определить следствием, т.е. что *«выдает» данный Ум.* Целесообразно *соединить воедино* все то, что не изучает наука и то, что есть в Природе, известное задолго до появления самой науки? *«Наука – ветреная служанка Истины» и отвергать знания, рожденные во тьме веков – большая ошибка!!!* Как это часто бывает, стоит только на человека (типа Ч. Дарвина) надеть мантию ученого, как любая глупость, изрекаемая им, становится научной.

Наукой выделены некоторые характеристики вакуума:

1. В вакууме все квантовые числа (импульс, электрический заряд, гравитация и т.д.) равны «нулю».

2. Вакуум постоянно вибрирует – рождение и аннигиляции виртуальных частиц (материи и антиматерии). Эта *пустота*, в которой содержатся все явления феноменального мира. Сознание человека откликается, входя в резонанс, на происходящие изменения в физическом вакууме. Далее процессы интерпретируются как информация, получаемая с различных планов сознания космического пространства.

Слово *"эфир"* (по-гречески означает "сияние"). Астральный Свет, является одним из низших «начал» того, что называют Первичной Субстанцией, материей, которая в движении превращается в свет. Фундаментальная реальность этого невидимого источника универсальной энергии долгое время была прерогативой секретных школ мистерий во всем мире. Труды греческих философов **Пифагора и Платона** описывали эфир во всех деталях, то же делали и Ведические тексты древней Индии, называя его разными именами – "прана" и "Акаша". Миру известен термин «Хроники Акаши» – фиксация материи мысли в электронном поле пространства (информации) рисунков, геометрических фигур, символов и т.д. Мысль (энергия), проходя через «Акашу», оставляет след (как карандаш на бумаге). «Акаша» – проводник Божественной Мысли, как и человек – проводник Космического Разума. *Акаша не есть Эфир науки, скорее причина, будучи порождением и все же остается самим собой».*

Материя Темного Света – Высший Эфир – суть космическая субстанция, в своем синтезированном состоянии – результат предыдущей Эволюции, который содержит в себе все Аспекты Единого – обозначаемого Точкой, пульсирующей в лоне Тьмы, через которую поступает энергия Бесконечности для «выращивания» Идеи новой Вселенной. Особый упор делался на его взаимодействие с человеческим телом. Может ли человек контролировать процессы природы? Изменять размеры своей планеты, направлять её по любой траектории, регулировать времена года, сталкивать планеты и создавать звезды, создавать и уничтожать материальную субстанцию – переводить материю в энергию… Мастера, унаследовавшие секретные традиции, постепенно учились манипулировать этой энергией и достигали чудесных результатов.

Более поздние открытия, включающие *"темную материю"*, *"темную энергию"*, *"виртуальные частицы"*, *"вакуумный поток"* и *"энергию нулевой точки"* вынудили ученых осознать, что во Вселенной существует невидимая энергетическая среда. Эксперименты начала 20-го века, проводившиеся для того, чтобы убедиться, существует ли энергия в "пустом пространстве", задолго до появления теории квантовой механики показали, что вместо отсутствия в вакууме энергии, ее там огромное количество, то есть огромное количество энергии из абсолютно неэлектромагнитного источника! Поскольку энергия обнаруживалась при температуре абсолютного нуля, ее окрестили *"энергией нулевой точки"* *или ЭНТ*; еще называют ее *"физическим вакуумом" или ФВ*. Стало понятно, что в данном случае имеем дело не с какой-то слабой невидимой силой, а с источником почти *невероятной колоссальной энергии*, обладающей силой, более чем достаточной для поддержания существования всей физической материи.

В науке, основанной на теории эфира, все четыре основных силовых поля, будь то гравитация, электромагнетизм или сильные и слабые взаимодействия, являются просто разными формами эфира – *"свободной"* энергией, реально существующей вокруг нас. «*Плотность качества*» гравитационной энергии возле поверхности Земли (на *01.02.2014*) составляет *5,17 x 10^{17}* т/м^3. Вытягивание из гравитационного поля 100 киловатт мощности *"свободной энергии"* – это всего лишь *0,0000000001%* естественной энергии, которая производится в этом месте.

Исследования **Н. Теслы** (1891), привели к выводу, что *эфир* "ведет себя как жидкость с твердыми телами, и как твердое тело по отношению к свету и теплу"; *он* становится доступен при "достаточно высоком напряжении и частоте" (намек **Теслы** на возможность технологии свободной энергии и антигравитации). Утверждение **Теслы,** что эфир обладает свойствами жидкости по отношению к твердым телам, непосредственно связано с работами д-ра **Н. А. Козырева.**

Наукой при изучении самогенерирующего разряда, определено, что за счет полупериода «*отрицательной проводимости*» создаются условия для передачи энергии от среды к волне. «***Вдох и Выдох***» у человека – это и есть те самые «полупериоды» для передачи энергии через «ауру» от «*среды к телу и от тела к среде*». Это своего рода ***эфирная*** форма жизни (***сознание***). Интерференция продольных волн, возникающих в любых необратимых процессах материи, создает незатухающую голографическую картину ***Единого Информационного поля планеты – Ноосферу.*** Частицы материи конкретной планеты являются «*резонансными вихревыми процессами*» и зависят от «плотности качества» времени-пространства данной системы, где находится планета.

Научное сообщество вынуждено принять, что атомы и молекулы сродни пламени свечи: энергия, которую оно выделяет (тепло и свет пламени), должна уравновешиваться энергией, которую оно поглощает (воск свечи и кислород воздуха). Электрон не излучает всей своей энергии и не разрушается в «ядре». *А что есть ядро?* Существование *спиралевидных волн энергии* и "*спиралевидного поля*", движущегося в эфире, подводит к идее, что ***атомы и молекулы – это просто вихревые образования, сформировавшимся в эфире,*** расплывчатые, размытые сферические объекты, обладающие ***некими геометрическими качествами формы и пребывающие в строго геометрическом паттерне организации.***

Л. Пастер открыл, что строительные блоки жизни, известные как "***протоплазма***", по сути, не симметричны, и что колонии микробов растут в спиралевидной структуре. Те же расширяющиеся пропорции заложены в структуре растений, насекомых, животных и людей. Об этом писали многие наследники древних традиций Мистерий Атлантов, обсуждая "сакральную геометрию", – спиралевидную форму, известную как **Спираль Фибоначчи**, Золотое Сечение или ***спираль "фи"***.

В дополнение к обычным способам приобретения энергии посредством еды, питья, дыхания и фотосинтеза, все жизненные формы "***вытягивают***" *энергию* из невидимого *спиралевидного* источника. Направление спиралевидного роста (*по часовой стрелке или против*) раковины и с какой стороны человеческого тела находится сердце, определяется **направлением энергетического потока**. Если бы где-то в пространстве-времени существовало место, в котором *энергетический поток спиралевидно* закручивался бы в противоположном направлении, тогда и раковины росли бы в противоположном направлении, а сердце находилось бы на противоположной стороне тела.

Отношение "*фи*" представляет собой естественный, самый эффективный паттерн, в котором происходит рост. Для статических энергетических полей очень важно классическое отношение "фи", что вновь указывает на явную связь с торсионными полями, *спиралевидная энергия – это на самом деле истинная природа и проявление "времени".*

"*Время*" – нечто намного большее, чем просто функция отсчета продолжительности, что благодаря орбитальным паттернам Земли и Солнечной системы прослеживается сложный *спиралевидный паттерн в пространстве*. Сейчас, "*темпорология*" или "наука о времени" активно разрабатывается. "В нашем понимании, "*природа*" *времени* – это механизм, который осуществляет изменения в пространстве, вносит в мир новизну. Понять природу времени значит указать на… процесс, феномен, "носитель" в материальном мире, чьи свойства могли бы определяться или соответствовать свойствам времени".

Открытый **Н.Козыревым** спиралевидный поток времени носит общепринятые научные термины *"торсионные поля"* или *"торсионные волны"*. [Слово "торсион" означает "вращение" или "кручение".] **Т. Бирден** называет их *"скалярными волнами"*. Будет правильным использовать термин *"торсионные волны"*, поскольку он постоянно напоминает об их *спиралевидной* природе. Во всех случаях это связано с *импульсом или моментом*, движущимся в среде *эфира – физического вакуума* и не обладающим электромагнитными качествами. *Гравитация – это форма эфирной энергии, непрерывно втекающая в объект.*

Поток пространства-времени обладает *вращательным или спиралевидным* движением, известным как *"торсион"*. Наукой общепризнанно, *что пространство, окружающее*

Землю, обладает «правосторонним вращением». Это означает, что проходя через физический вакуум, энергия вынуждена вращаться по часовой стрелке, что торсионные поля, ожидаемые в ТЭК, существуют и назвали их "статическими торсионными полями". Разница лишь в том, что наряду со статическими торсионными полями были обнаружены и "динамические торсионные поля", о которых упоминал **Н.Тесла.**

Во Вселенной существует *либо правостороннее, либо левостороннее вращение.* Дальнейшие открытия в квантовой физике, связанные с понятием *"спина",* подтвердили: "электроны" будут обладать либо правосторонним, либо левосторонним спином. Это значит, что они будут двигаться либо по часовой стрелке, либо против нее. Все атомы и молекулы сохраняют разные степени равновесия между правосторонним и левосторонним спином, что *молекулы, обладающие строго правосторонним спином будут экранировать торсионные эффекты, в то время как молекулы, обладающие строго левосторонним спином, будут их усиливать.*

Статические торсионные поля создаются вращающимися источниками, не излучающими никакой энергии. И если имеется вращающийся источник, испускающий энергию в любой форме (такой как Солнце или центр Галактики), или вращающийся источник, обладающий больше, чем одной формой движения одновременно (такой как планета, вращающаяся одновременно и вокруг своей оси и вокруг Солнца), тогда автоматически создаются динамические торсионные поля. Этот феномен позволяет торсионным волнам распространяться в пространстве вместо того, чтобы пребывать в одном "статичном" месте. Следовательно, *подобно гравитации или электромагнетизму, во Вселенной торсионные поля способны передвигаться из одного места в другое.* Более того, эти поля движутся со "сверхсветовыми" скоростями. Если удастся получить импульс, который движется через "полотно пространства-времени" со сверхсветовыми скоростями и отделен от гравитации или электромагнетизма, совершится значительный прорыв в физике, требу-

ющий *существования "физического вакуума", "энергии нулевой точки" или "эфира".*

**Существуют разные уровни вибрации эфира, их назы-
вают плотностями.** На каждом уровне «*плотности качества*» материи и энергии будут разными, что ведет к *изме-
нению основных "законов" физики* на каждом уровне.

• Эфир – 1 ведет себя как твердое тело;
• Эфир – 2 ведет себя как плотная сверхтекучая жидкость;
• Эфир – 3 ведет себя как газ, связанный с движением мо-
лекул;
• Эфир – 4 – состояние, наблюдаемое в энергии звездной
плазмы;
• Эфир – 5 соответствует галактическим процессам,

Каждый уровень плотности эфира обладает своим уров-
нем плотности, отличающимся от уровня других. Семь основных плотностей, соответствующих семи цветам радуги
или семи нотам диатонической музыкальной шкалы, на самом деле соответствуют разным *"измерениям" или планам
существования*. И что еще более важно, что разные эфир-
ные плотности должны также соответствовать *разным уров-
ням разума и сознания.*

Изучение "электронов" атома показало, что последние
совсем не являются "точками". Они образуют однородные
"облака" в форме капель, где самые узкие концы "капель"
сходятся в крошечной точке в центре. *"Электронных орбит
не существует! Все вычисления и все эксперименты показывают, что в обычном атоме не существует орбиталь-
ного движения. Существуют стоячие волновые паттерны.* Стоячий волновой паттерн полностью сферический.
Центр паттерна электрона одновременно является и центром
паттерна протона. Это обычное состояние атомов Н (водорода) во Вселенной. Они обладают сферической симметрией, а
не орбитами".

Наблюдаемые формы электронных облаков – это именно
то, чего и следовало ожидать при наблюдении "стоячей волны" вибрации, электронное облако атома водорода обладает
сферической формой. Это прямое указание на то, что *атомы
являются вихревыми образованиями*, поскольку атом водорода считается "строительным блоком" всех других элемен-

тов, с одним гипотетическим "протоном" в «ядре» и одним гипотетическим "электроном", на самом деле представляющим собой сферическое облако. *Электронные облака обладают отрицательным зарядом, а "протоны" в намного меньшей области «ядра», имеют положительный заряд.* Это известно как "полярность заряда", поскольку существует два поляризованных или противоположных заряда. Каждый атом в своих электронных облаках обладает комбинацией "правого" и "левого" спина, и это известно как *спин поляризация* атома. Любой крупный объект будет обладать *общей спин поляризацией*, то есть суммой всех спинов составляющих его атомов. Свидетельство, что атом – это *эфирный вихрь, обладающий сферической симметрией и центральной осью*, то есть, *сферический тор* и решение загадки *"полярности заряда"* состоит в том, что *эфирная энергия течет через электронные облака в центр «нулевой точки» – называемый ранее «ядром».* Это объясняет поведение материи, когда, ускоряясь до скорости света, она теряла энергию и массу. **NB!**

Как будет выглядеть сферический вихрь? Как только вещество начинает вращаться, оно образует воронку вдоль центральной оси. То же «вещество» вращается внутри сферической области вне атома. *Вдоль оси вращения воронка формирует сквозное отверстие в центре сферы. На одном полюсе сферы вещество будет втекать, и, приближаясь к центру, вихрь будет сужаться. Затем, действие кинетической энергии вещества будет заставлять его вытекать из противоположного полюса, причем, достигая внешнего края, вихрь будет постепенно расширяться. Вещество должно втекать в одну сторону и вытекать из другой, ибо больше ему некуда идти. Таково основное свойство "тора". Атомы в электронном поле демонстрируют структуру сферического тора на квантовом уровне.*

Эфир способен демонстрировать вращательный и угловой моменты потому, что сфера чего-то, обладающая массой плотности, может вращаться вокруг центральной оси и не нарушать окутывающий ее эфир. Сферические атомы с центральной осью формируются в виде вихрей в эфире, "электронные облака" формируются в атоме с пустыми пространствами между ними, энергетические образования сферического тора собираются в *кристаллические структуры*. Одно из интереснейших свойств такого *кристалла* – он естественно распадается на свои миниатюрные версии, причем между гранями кристалла сохраняется угловое отношение. Система концентрических магнитных колец и вращающихся магнитных стержней, позволяет создать замкнутое устройство, способное убирать гравитацию и подниматься в воздух. Таким образом, созданный летательный аппарат *ARV (ARV – Alien Reproduction Vehicles* – корабли, воспроизводящие технологию «древних»), летает *благодаря потоку эфирной энергии (вакуума)* вместо потока воздуха.

В атоме, отрицательный "источник" с высоким давлением толкается по направлению к положительной "раковине" с более низким давлением, и это отвечает за то, что электронные облака текут в ядра. Следовательно атомы и окружающее их "пустое пространство" эфира сделаны из *одного и того же* энергетического материала; единственная разница в том, что в атоме, двигаясь через электронные облака, *эфир начинает закручиваться в центральный вихрь с низким давлением.*

Энергетические поля обладают стремлением к сферической структуре. *Когда сферические структуры вращаются, вдоль линии движения частицы всегда обнаруживается ось вращения".* Таким образом, когда "частицы" движутся в эфире, *их центральная ось вращения выровнена с направлением движения.* **Н.Тесла** рассматривал эфир не только в динамическом смысле, но и как структуру вращения вихрей «*...эфир вбрасывается в бесконечно малые вихри или спирали при скоростях близких к скорости света...*». *Электрическая движущая сила возникает благодаря разряжению и уплотнению эфира, как результат быстрых изменений токов различных типов, создаваемых электрическими потенциалами двух типов, а в сочетании со структурой материи, представляет собой вихревое движение в пространстве.*

Д.Д. Томпсон открыл электромагнитный импульс, сказав, что: «...в каждой единице электромагнитного поля содержится определенная величина механического импульса, пропорциональная векторному произведению электрического и магнитного векторов…, что *эфир* является *проводником механической движущей силы…* ». **Электрическая сила или импульс возникает в окружающих диэлектриках и заполненном эфиром пространстве, а проводники лишь направляют действие.** Как указывал **Н.Тесла**: «электрические цепи являются *не закрытыми, а открытыми* системами и действуют как местные структуры и преобразователи среды и ее энергии…».

Таким образом: • *"Твердых" частиц не существует, есть только группирования энергии.*

• *Каждое квантовое измерение можно геометрически объяснить как форму структурированных, пересекающихся энергетических полей.*

• *Атомы – это вращающиеся в противоположных направлениях энергетические формы в виде Платоновых Твердых Тел, а именно вращающиеся в противоположных направлениях октаэдр и тетраэдр. Причем каждая вибрационная/пульсирующая форма соответствует* **конкретной основной плотности эфира.**

• *Во всей Вселенной, все уровни плотности или измерения структурированы из двух первичных уровней эфира, непрерывно взаимодействующих между собой.* **Вся материя во Вселенной является элементом взаимосвязанной геометрической матрицы, существующей друг в друге, делящий общую ось и способной вращаться в противоположных направлениях.**

Математическое понятие кривизны линии – величина обратная радиусу в обратных метрах. *Волновое число – обратно длине волны* (формулы известны). Для плоскости кривизну определяют по двум пересекающимся линиям. Искривления трехмерного пространства возможно в направлении ортогональном к нему. Параметр, характеризующий повторение положения (координаты) точки при движении в замкнутом пространстве, зависит от *скорости движения объекта и радиуса замкнутого пространства.* Это есть некий «период» и этот «период» имеет физический смысл только при рассмотрении конкретного движения *в пространстве известной кривизны.* Трехмерное пространство создается и существует только как «*процесс изменения энергии*». Известное выражение: «**Дух – материя в высшей точке своего развития, Материя – дух в низшей точке своего развития и все суть – Иллюзия**», *точно отражает суть этого явления. Если использовать термин «плотность качества» энергии (материи), то для одномерного пространства – физический аналог – **плотность тока**. Для двухмерного пространства – это **поперечная электромагнитная волна**. Изменение «**плотности качества**» материи (энергии) – это изменение объемной плотности самого вещества. Это есть механизм создания трехмерного пространства. За счет чего? За счет дополнительного привлечения **материи** пространства через «**нулевую**» точку замкнутой системы трехмерного пространства.*

Исходя из теории **Кеплера**, теории **Вириала**, теории **Планка** и Общей теории Относительности **Эйнштейна – Газерноля** можно сделать следующее:

1 E = hv

2 E = Mc^2 , где M – разность между двумя наблюдаемыми массами небесных тел. Если равны левые стороны уравнений, то равны и правые, следовательно

3 Mc^2 = hv , следует прибавить **3 –й Закон Кеплера**, где «**квадрат времени**» обращения небесного тела равен в числовом значении «**кубу**» среднего расстояния небесного тела до Солнца, то с учетом теории **Вириала** – коэффициентов разложения материи по «**степеням плотности**» (т.н. «**вириальные коэффициенты**») легко выстраивается структура пространства **Солнечной Системы:** точное расположение планет и других небесных тел, а также определить какие из планет или небесных тел в первую очередь начнут превращение в «**нейтронные**» звёзды и впоследствии, при уменьшении гравитационного радиуса – в «**черные дыры**», где материя переходит в энергию, восполняя потенциал **Энергии Центра** нулевой точки или Первоначального Импульса.

Это определено «*технологией*», которая называется «**Трансфизическая Транскрипция**». И как сообщалось ранее: «**Проявленный мир – это Вечность (сознание вакуума), выстроенная в форму с помощью Силы Мысли Еди-**

ницы *Самосознания с привлечением материи окружающего пространства»*.

Существует *Абсолютная система отсчета* при созда-
нии *пространственно – временных* космических систем.
Универсальная среда обитания имеет *«эфирную энергетическую структуру»*, которая является *«каркасом»* будущего
пространства. Она обладает *«упругостью»* т.е. *«плотно-
стью качества»* материи вещества, где продольные импульсы, создают попеременное сжатие и расширение в эфире, подобно тем, которые производятся звуковыми волнами. Упру-
гость волн и крайне малая плотность среды делает их скорость равной скорости света.

«Технологии», изменяющие *«плотность качества»* материи пространства, позволяют осуществить перемещение
предметов, импульсов и всего, что имеет какую-либо плотность или массу со скоростями, многократно превышающи-
ми скорость света. *«Нулевая точка»* всего лишь *«точка перехода»* из одного пространства в другое, а чтобы перемеща-
емый предмет не разрушился, он должен «дышать», т.е.
иметь проводники, состоящие из элементарных частиц пере-
ходного пространства (как и в теле человека).

Любой необратимый процесс, в котором изменяется эн-
тропия, создает т.н. волну *«плотности времени»*. Это известно из работ **Н.А. Козырева**. Продольная волна является
«сжатием – растяжением» самого пространства, т.к.
«плотность качества» материи *эфира* определяют параметры
пространства и скорость движения самой материи. Изменение *«плотности качества»* эфира приводит к изменениям
в веществе, которые суть *волны «плотности времени»*.
Продольная волна в эфире создает и звуковую волну в пространстве, которая легко детектируется. Точечный источник
излучения энергии в пространстве создает объемные вибрации материи вокруг него.

В *«Тайной Доктрине»* сказано: «...*как только в пространстве материи устанавливается «нулевая точка»,
начинается абсорбция энергии из окружающей эту точку
среды...»*; «...*в материи нет иной энергии, кроме той,
которую она получает из среды...»*; «...*она прилагается к*

молекулам и атомам, как и к самым крупным небесным телам и ко всей материи во вселенной в любой фазе её существования, от образования до распада...».

Каждую электрическую цепь и систему питает энергией **нарушение симметрии зарядов первичного источника энергии** системы. *При этом в вакууме образуется «воронка», которая формирует диполь,* далее *диполь свободно извлекает электромагнитную энергию из окружающей среды (материи пространства) и преобразует её в наблюдаемую реальную электромагнитную энергию, которую потребляет человечество с помощью различных устройств. Диполь испускает эту энергию непрерывно до тех пор, пока он сохраняет свою целостность.*

Все электрические цепи являются устройствами «**энергии нулевых точек**» или «**квантового потенциала**». *Нарушение симметрии* складывается из трех основных компонентов: физической энергетической системы; *активного локального вакуума, который окружает данную систему и пронизывает её; активные искривления пространства – времени* вследствие «**вихревого**» состояния самой материи пространства. Искривление *пространства – времени* может вызвать принудительное действие *единицы сознания – Мастера – взаимодействие проявленного сознания с сознанием вакуума.* «**Энергия – лошадь, мысль – наездник**» так утверждает «тайное знание».

Электрические цепи **открыты**, а не закрыты, как утверждает академическая физика. Любое поле силы может быть разложено на бесконечное число составляющих полей, каждое из которых носит *волнообразный* характер – простого волнового возмущения, распространяемого с однородной скоростью. В каждом из этих составляющих полей потенциал будет постоянным вдоль каждого фронта волны, гравитационная сила будет перпендикулярна фронту волны, а волны будут продольными.

Эфир (вакуум) – среда и механизм распространения электромагнитной энергии. Существуют два типа воздействия электромагнитного поля на заряженную частицу – *смещение и напряжение. Смещение по прямой линии* порождает движение по спирали, создающее *электрическое* и *магнитное* поля. Результирующим вектором этих воздействий будет вектор «*энергии нулевой точки*». Другими словами, это элементы « *нелинейной физики внутренних напряжений*» в локальной среде.

Интерференция распространяющихся элементов энергии, имеющейся в любой точке пространства, порождает колебания электромагнитного поля самого вакуума на любом расстоянии. Каждый атом материи имеет свой скалярный показатель и резонанс. Нужно просто разложить их на пару продольных импульсов и волн. Если воспроизвести скалярный топологический показатель системы, на которую необходимо оказать влияние (*создать или разрушить*) и загрузить в нее соответствующую информацию, то следует ожидать программируемый результат. *Внутреннее информационное содержание электромагнитного поля* содержится в т.н. «*нулевой точке*», а механизм преобразования «*масса – энергия – масса*» *и инерция* являются результатом *поглощенного скалярного резонанса* и также им самим. Механизмом поглощения является *спин частиц* – *внутренние вращательные напряжения* (*правое или левое*) или «*вихри*» в среде различных систем. Пространство обладает структурой и содержанием, эфир или среда – большой пакет скалярных потенциалов, которые могут быть разложены на пару продольных волн, т.к. *скаляр – внутреннее вращательное напряжение*. Скалярные волны проходят сквозь оболочки атомов и взаимодействуют с ядрами, которые постоянно испускаются и поглощаются всеми ядрами во вселенной. Любая звезда или планета поглотитель и излучатель скалярных волн, любая крупная масса в космическом пространстве является *естественным резонатором* таких волн, т.к. обладает *собственной космической частотой*. Любой физический объект, от атома любого элемента до планет, имеет свой *уникальный скалярный показатель*, это указывает на наличие в пространстве различных космических планов. Волновая теория гравитации показывает, что результирующее электродинамическое поле, распространяющееся в пространстве, необязательно должно совпадать со скоростью света, оно может много превышать. Электрическая и магнитная индукция могут распространяться вдоль параллельных волновых фронтов, причем их сила не обратно пропорциональна расстоянию.

$$A^S$$

MAGNUM OPUS DEUS SANCTUS
SANCTUM REGNUM

IMPERIUM POSSIDENTES SCIENTIA HABEAT QUI

(Дополнение к структуре Вселенной)

Платоновы Твердые Тела – набор пяти разных геометрических форм. В сферическом "вихре" вибрирующей (пульсирующей) жидкости будут появляться геометрические формы **"Платоновых Тел"**. Еще одна форма вибрации или «кристаллизованная музыка», сильное **вертикальное движение**, представляющее собой верх и низ волны. Это создает **"стоячие волны",** то есть волны, не движущиеся по струне назад и вперед, а остающиеся на одном месте. Точки, где вертикального движения нет, называются узлами. Узлы, формирующиеся в любом виде стоячей волны, всегда будут расположены на одинаковом расстоянии друг от друга, а скорость вибрации будет определять количество появляющихся узлов. *Чем выше вибрация, тем больше узлов.* Если подвергнуть вибрации плоскую круглую **"пластину Хладни"**, то можно наблюдать появление узлов, формирующих простые геометрические формы, такие как квадрат, треугольник и шестиугольник.

• Если окружность имеет три узла, расположенных на одинаковом расстоянии друг от друга, то при их соединении получится треугольник.

• Если окружность имеет четыре узла, то образуется квадрат.

• Если окружность имеет пять узлов, образуется пятиугольник.

• Шесть узлов образуют шестиугольник, и так далее, вписанные в окружности геометрии являются музыкальными соотношениями. Существуют только пять форм, удовлетворяющих всем необходимым правилам. Это восьмигранный октаэдр, четырехгранный тетраэдр, шестигранный куб, додекаэдр и двадцатигранный икосаэдр.

Основные правила этих геометрических форм:

• *Каждая грань геометрического тела будет иметь одинаковую форму:*

  ○ *октаэдр, тетраэдр и икосаэдр – равнобедренные треугольники,*

  ○ *куб – квадраты,*

  ○ *додекаэдр – пятиугольники.*

• *Каждое ребро каждой формы будет одинаковой длины.*

• *Все внутренние углы каждой формы равны между собой.*

• *Каждая форма будет совершенно вписываться в сферу, и все вершины будут касаться сферы, не перекрывая друг друга.*

Известно, что **Платоновы Твердые Тела** – это ключ к открытию мира "более высоких измерений". Они действительно ведут себя так, как будто являются *структурными каркасами* в эфире, организующими энергетические потоки в особые паттерны. Формирующиеся в эфире **Платоновы Твердые Тела** являются "**жидкими кристаллами**", т.к. они демонстрируют, как свойства жидкости, так и свойства твердого тела. Дисплеи карманных калькуляторов используют электрические сигналы и основаны на свойствах вещества, которое, подобно эфиру, демонстрирует свойства, как жидкости, так и твердого тела как функцию нарушений электрического поля. Эти простые геометрические формы "кристаллизованной музыки", естественно формируются в пульсирующем эфире.

Физика кластеров меняет точку зрения на квантовый мир, представляя абсолютно новую фазу материи. **Кластеры** – это крошечные "частицы", предоставляющие свидетельство того, что *атомы – это вихри в эфире, которые посредством вибрации – пульсации – электронные облака стоячих волн эфирной энергии, собирающиеся в геометрические паттерны* (Платоновы Твердые Тела). Можно организовать группирования атомов в четыре основные категории размера, причем каждая категория обладает своими свойствами:

- Молекулы: 1 – 10 атомов.
- Кластеры: 10 – 1000 атомов.
- Тонкодисперсные включения: 1000 – 100.000 атомов.
- Уплотнение: 100.000 + атомов.

Кластеры не образуются случайно любой группой из 10 – 1000 атомов; только определенные *“магические числа” атомов* будут собираться вместе и формировать кластеры. *«Магическое число»* означает особую размерность N (то есть, число атомов в кластере), при котором в спектральном анализе обнаруживается распространение аномалий. Формирующиеся кластеры становятся электрически нейтральными, (электрически) нейтральные кластеры изначально создаются расширением струи размера N – 8, 20, 40, 58, 90 – магические числа связаны со строением оболочки коллективизированных электронов, независимо движущихся в сферически симметричном эффективном потенциале. В кластерах гипотетические “электроны” больше не привязаны к своим индивидуальным атомам, а движутся независимо в самом кластере! *Кластер действует как один единичный атом*, где центр кластера становится сродни позитивно заряженному атомному «ядру», в которое втекает отрицательно заряженная энергия.

(Симметрия) кластеров металлов раскрывает следующее: аналогично атомам и молекулам, *кластеры принадлежат к микроскопическому миру*, в то время как *тонкодисперсные включения принадлежат к макроскопическому миру*. В каждом случае **“магическое число”** группирующихся атомов будет формироваться в одну из вышеупомянутых геометрических структур, *“магическое число” 459* сферических атомов будет упаковываться для формирования кластера куб-октаэдральной формы, в то время как *561* атом будет собираться в форму икосаэдра.

Кластер – это просто больший “эфирный атом” в совершенной геометрической форме.
Металлические кластеры обнаруживаются во многих различных биологических системах, включая многие разные растения, и формируют до 5% веса материала мозга. Следует

упомянуть о **технологии «инметаллизации»,** в которую входит **армирование металлами сосудов органов тела** человека, без хирургического вмешательства. Кластеры растут посредством формирования трехмерных геометрических оболочек атомов, и устойчивость кластера обеспечивается заполнением геометрией, а не электронными оболочками".

Два атома водорода и один атом кислорода соединяются в форме тетраэдра и образуют молекулу воды, которая имеет 343 дифференциации проявленной реальности и 1728 дифференциаций не проявленной реальности. («Заметки на полях» Разумовского)

Присутствие в пространстве геометрии *Платоновых Тел* – как "гармонических" энергетических структур в эфире, означает, что для формирования повторяющегося паттерна базовый структурный элемент (атом или молекулярная группа атомов), составляющий кристалл, может одинаково поворачиваться вновь и вновь. Это значит, что кристалл состоит из "определенной базовой структурной единицы, повторяющейся бесконечно во всех направлениях и заполняющей все пространство" внутри себя. Кристалл может иметь только 2-х, 3-х, 4-х и 6-ти кратные вращения (повороты). Додекаэдр обладает пятикратной симметрией, а икосаэдр имеет 5-ти и 10-ти кратную симметрию. **Платоновы Твердые Тела** удовлетворяют всем требованиям симметрии. (Додекаэдр и икосаэдр обладают симметрией, но не обладают периодичностью как кристаллы).

Учеными **США** (на восстановленном материале **НЛО**) были обнаружены молекулярные структуры, не укладывающиеся в традиционную модель периодичности кристалла. Эти структуры стали известны как **"квазикристаллы"**. В этих уникальных сплавах появлялись и икосаэдр и додекаэдр. Квазикристаллы обладают многими странными свойствами. Это и прочность, и сопротивление нагреванию, и не проведение электричества, даже если входящие в их состав металлы обычно работают как проводники! *Квазикристаллы* – это будущие материалы для хранения высокой энергии, металлических матричных компонентов, термальных барьеров, экзотических покрытий, инфракрасных сенсоров, использования высоко мощных лазеров и электромагнетизма.

Одной из кристаллических пар, используемых в «технологиях» летательных аппаратов будущего, был кристалл водорода. ***Решетка квазикристаллов водорода и другого не названного материала (углерод, вольфрам, осмий, молибден)*** служила основой для плазменного двигателя аппарата и являлась неотъемлемой частью ***технологии*** средства передвижения.

Квазикристаллы на примере сплава алюминия с марганцем (Al_6Mn), на рентгеновской дифракционной картинке были обнаружены кристаллы в форме икосаэдра, можно четко видеть ряд пятиугольников, указывающих на пятикратную симметрию икосаэдра. С приходом квазикристаллов, появляются додекаэдр и икосаэдр, наряду с другими необычными геометрическими формами. ***Аналогично кластерам, квазикристаллы больше не обладают индивидуальными атомами, атомы слились в единство во всем кристалле,*** поскольку вовлекает простую трехмерную геометрию и сочетается с наблюдениями кластеров. Большая группа атомов, ведущих себя как отдельная "частица", где каждый составляющий ее атом одновременно занимает все пространство и все время во всей структуре, все атомы вибрируют на одной и той же частоте, движутся с одинаковой скоростью и расположены в одной и той же области пространства. Разные части системы действуют как единое целое, теряя все признаки индивидуальности. Именно такое свойство требуется для существования "**сверхпроводника**". В случае лазера, в пространстве и времени весь лазерный луч ведет себя как единичный "фотон", то есть, в лазерном луче нет способа выделить в нем индивидуальные фотоны, лазеры, сверхпроводники и квазикристаллы обнаруживались **в *реверсивных технологиях.***

Что касается "электронных облаков", наблюдаемых в атоме? Отмечено, что в атоме "электронные облака" в форме тетраэдра будут соответствовать граням *Платоновых Тел.* Размещение электронных облаков определяется *эфирной энергетической голограммой.* В атоме существуют ***"гнезда" – нулевые точки.*** *Платоновых Тел,* одно тело для каждой основной сферы в *"гнезде"*. Геометрия *Платоновых Тел* **формирует энергетическую структуру и каркас**, по которому должна течь **эфирная энергия**. Следует рассматривать **каждую грань Платоновых Тел** как **воронку**, через которую проходит энергия, создавая то, что **Винтер** назвал *"вихревыми конусами"*.

Свидетельство, что атом – это **эфирный вихрь, обладающий сферической симметрией и центральной осью**, то есть, **сферический тор** и решение загадки *"полярности заряда"* состоит в том, что **эфирная энергия течет через электронные облака в центр «нулевой точки» – называемый ранее «ядром»**. Это объясняет поведение материи, когда, ускоряясь до скорости света, она теряла энергию и массу. **NB!**

Что происходит на квантовом уровне?

Если взять звездный тетраэдр:

• На квантовом уровне тетраэдр и октаэдр вращаются в противоположных направлениях внутри друг друга.

• Оба они обладают сферической симметрией вокруг общего центра.

• Тетраэдр и октаэдр представляют два первичных уровня эфирной плотности, которые должны существовать во Вселенной.

• Поле октаэдра совершенно размещается в центре поля тетраэдра, поэтому диаметр октаэдра меньше.

В этой форме две геометрии полностью сбалансированы и совмещены. Существует всего восемь возможных "фазовых" положений, в которых две геометрии могут умещаться друг в друге прежде, чем снова достигнут гармонии.

• И тетраэдр, и октаэдр пребывают под большим давлением: тетраэдр толкается по направлению к октаэдру, аналогично тому, как отрицательное электронное облако толкается по направлению к центру вращения.

• Давление может высвобождаться только тогда, когда узел или ребро одного твердого тела пересекает узел или ребро другого твердого тела, открывая проход для течения энергии.

Внутри атома давление в электронных облаках всегда стремится двигаться по направлению к *центру «нулевой точки»*, и до тех пор, пока движущиеся в противоположных направлениях геометрии не соединятся, давление блокировано. В этом смысле, ребра и узлы в геометрических формах могут рассматриваться как "отверстия", "втиснутые" в сферические поля и позволяющие истечение втекающего давления.

Ковалентная связь. Считалось, что "валентные связи" электронных облаков "делятся" между данными атомами, но как таковых "электронов" не существует, и такую связь формирует именно завершение геометрической симметрии между Э1 и Э2 (тетраэдром и октаэдром). Все элементы представляют собой смеси Э1 и Э2 в разных пропорциях, то есть тетраэдр и октаэдр, запертые в различных положениях относительно друг друга, например: один атом кислорода будет естественно притягиваться к двум атомам водорода и смешиваться в молекулу воды или **H_2O**. Молекула воды принимает форму тетраэдра.

Другой вариант основных связей в химии известен как *"ионные связи"*. В этом случае, *связи создаются разницей в полярности заряда*.

Геометрические формы способны расширяться и сжиматься из своих центров. Это называется *изменением частоты*. Меняя частоту, они формируют разные виды геометрических твердых тел. Сжатие геометрической формы – это деление всех ребер на две или более равных частей, а затем соединение полученных точек. Известно, что "мощная" сила в атомной структуре в десять раз сильнее "слабой" силы в электронных облаках! То есть, *«ядро» – «нулевая точка»* представляет собой *точку "свернутой" геометрии на самом высоком частотном уровне сжатия*. Все, что нужно сделать, – это объединить восемь основных фаз вращающейся в противоположных направлениях геометрии с различными частотами геометрии, возникающей в результате расширения или сжатия. **Дж. Картеру** удалось получить всю **Периодическую Таблицу** посредством схем спиралевидного движения, которые он назвал "круглонами", которые являются сферическими торами!

Тепловое излучение и свет создаются – движением вспышек электромагнитной энергии, известных как "фотоны". О *"фотонах"* говорят как о носителях света, но это лишь одна из их функций. Важно следующее: *когда атомы поглощают или высвобождают энергию, она передается в форме "фотонов" – "фотон", – является импульсом, проходящим через эфир – энергетическое поле нулевой точки.* Присутствие геометрии на квантовом уровне подтверждается свидетельством, когда два фотона высвобождаются в противоположных направлениях. Каждый фотон испускается из отдельной возбужденной атомной структуры. Две атомные структуры состоят из идентичных атомов, и обе распадаются с одинаковой скоростью. Это позволяет двум "спаренным" фотонам с одинаковыми энергетическими качествами одновременно высвобождаться в противоположных направлениях. Результаты эксперимента свидетельствуют о том, что *части Вселенной связаны на каком-то внутреннем уровне* (то есть, не очевидном для нас), *и эти связи фундаментальны. Проявляющиеся нелокальные связи связывают события в отдельных местах без известных полей или материи, не ослабляются с расстоянием; будь то миллион километров или сантиметр, распространяются быстрее, чем скорость света.* Энергетически спаренные "фотоны" реально удерживаются вместе единственной геометрической силой – тетраэдром, продолжающим расширяться, при этом фотоны будут сохранять одинаковое угловое фазовое положение относительно друг друга.

Уравнение $E = hv$, где E – это конечная измеряемая энергия, v – частота вибрации излучения, высвобождающего энергию, и h – известна как "**Константа Планка** и равна **6,626, вместо 0,6626**. *Отношение между чем-то, находящимся внутри куба (6,626), и самим кубом (10), всегда остается постоянным.* Разница 0,040 между "чистым" 6,666 или отношением 2/3 и константой **М.Планка** 6,626 создается *удельной емкостью вакуума*, который поглощает некоторое количество энергии. "Удельную емкость вакуума" можно точно вычислить с помощью уравнение **Кулона**. *Эфирная* энергия *"физического вакуума" будет поглощать небольшое количество любой проходящей через него энергии.* Это значит, что физический вакуум будет "позволять" проходить через него чуть меньше энергии, чем высвобождено изначально. Как только учитывается уравнение **Кулона,** числа работают совершенно.

Поскольку материя состоит из электромагнитной энергии, электромагнитная волна имеет два компонента – электростатическую волну и магнитную волну, которые движутся вместе. *Электромагнитная волна на самом деле копирует "скрытый" (потенциальный) тетраэдр. Геометрическое группирование следует использовать* для определения параметров: спина, четности, числа изотопов, числа странностей, ядерных пространственных резонансов, т.к. уравнения волны пространственного резонанса обладают ортогональными свойствами, соответствующими Восьмеричному Пути.

Двигаясь, энергетические частицы "вращаются". В атоме, "электроны" непрерывно совершают резкие повороты на 180° или "полу-спины". Чтобы оставаться в том же положении в матрице окружающей его геометрии, октаэдр должен "опрокинуться назад", то есть на 180°. Тетраэдр же, чтобы остаться в том же положении, должен совершить либо 120° (одна треть спина), либо 240° (две трети спина). Этим процессом объясняется спиралевидное движение торсионных волн.

В любой точке Вселенной, даже *"в вакууме",* **эфир** всегда будет пульсировать в этих геометрических формах, образуя матрицу. Поэтому любой движущийся в эфире импульс момента будет проходить по граням геометрических "жидких кристаллов" в эфире. Следовательно, спиралевидное движение торсионной волны создается простой геометрией, через которую она должна пройти при своем движении.

Подводя итог, можно констатировать: *для поддержания своего существования вся материя использует торсионные волны, атом – это на самом деле вихрь эфирной энергии, в котором отрицательно заряженные электронные облака стремятся к положительно заряженному центру «нулевой точки» посредством эффекта Бифилда – Брау-*

на. В квантовой сфере основным фактором является геометрия – естественная форма, которую создает вибрация в среде. Естественно совершающиеся вибрации будут вынуждать высвобождающиеся из крошечного сопла атомы собираться в совершенные геометрические кластеры, которые ведут себя как один большой атом, эти вибрации ответственны за формирование квазикристаллов, когда быстро остывающий металлический сплав формируется в геометрическую структуру, которая не может создаваться индивидуальными атомами-"частицами".

Геометрические формы создаются вибрацией, чтобы совершалась вибрация, атом должен одновременно и непрерывно поглощать и излучать эфирную энергию. Поскольку вибрация продолжается, атом будет испускать торсионные волны в окружающий эфир. Это значит, что каждый атом – это торсионный генератор. В зависимости от общей "спин поляризации" (то есть, будет ли в электронных облаках большее количество правостороннего или левостороннего вращения), объект будет генерировать левосторонние или правосторонние торсионные волны.

Тонкоструктурная константа – еще один аспект квантовой физики. Представьте электронное облако, когда поглощается или высвобождается "фотон" энергии (что известно как «спаривание»), облако растягивается и изгибается, как будто дрожит. Электронное облако всегда будет "ударяться" в фиксированном, точном пропорциональном отношении к размеру фотона. Это значит: фотоны большего размера будут оказывать бо́льшие "удары" на электронное облако, фотоны меньшего размера оказывают меньшие "удары" на электронное облако. Это отношение остается постоянным, не смотря на единицы измерения. Как и постоянная **Планка**, тонкоструктурная константа – еще одно *"отвлеченное" число*.

Константа «*спаривания*» – **амплитуда для испускания или поглощения** электрона и фотона. Экспериментально определено число близкое к 0,08542455 – инверсию квадрата

– около 137,03597, с неопределенностью двух последних десятичных знаков. Проблема тонкоструктурной константы имеет простое решение, фотон движется по двум соединенным вместе тетраэдрам, а электростатическая сила внутри атома поддерживается октаэдром. **Тонкоструктурная константа получается простым сравнением объемов тетраэдра и октаэдра при их соударении. Следует разделить объем вписанного в сферу тетраэдра на объем вписанного в сферу октаэдра.** Тетраэдр, независимо от того, как он вращается, вершины его граней будут делить окружность на три равные части по 120° каждая. Следовательно, чтобы привести тетраэдр в равновесие с геометрией окружающей его матрицы, нужно повернуть на 120°, чтобы он оказался в том же положении, что и раньше. В случае октаэдра, чтобы восстановить равновесие, его следует перевернуть "вверх дном" или на 180°. Если рассматривать *статическое электрическое поле как октаэдр*, а *динамическое магнитное поле как тетраэдр*, тогда геометрическое отношение (между ними) равно 180:120. Если рассматривать их как сферы с объемами, выраженными в радианах, просто *разделите их друг на друга*, и вы получите *тонкоструктурную константу.* Тонкоструктурную константу можно рассматривать как *отношение между октаэдром и тетраэдром. Как энергию, движущуюся от одного к другому, можно рассматривать как "остаточную" энергию, возникающую тогда, когда мы сжимаем сферу в куб или расширяем куб в сферу.* Такие изменения расширения и сжатия между двумя объектами известны как *"мозаичное размещение".* В вычислениях **Юлиано** объем двух объектов не меняется. Тонкоструктурная константа может быть одновременно и отношением между октаэдром и тетраэдром и отношением между кубом и сферой. Разные геометрические формы демонстрируют классическую геометрию *"квадратуры круга".* Это положение долго являлось центральным элементом в эзотерических традициях **"сакральной геометрии".** Оно показывает *равновесие* между *физическим миром*, представленным квадратом или кубом, и *духовным миром*, представленным кругом или сферой.

Представленная *единая квантовая модель* показывает, что в квантовой реальности всегда существовала сакральная геометрия, хотя *традиционная наука продолжает пребывать в оковах старомодных моделей "частиц".* Квазикристаллы очень хорошо хранят тепло, часто не проводят электричество, даже если входящие в их состав металлы в нормальном виде хорошие проводники. Аналогично, кластеры не позволяют магнитным полям проникать внутрь самих кластеров. *Такая геометрически совершенная структура обладает совершенной связью, поэтому через нее не может пройти ни тепловая, ни электромагнитная энергия. Внутренняя геометрия настолько компактна и точна, что току буквально не остается "места" для движения между молекулами.*

В *Единой эфирной теории* такие энергетические образования будут продолжать демонстрировать одинаковую структуру и поведение на всех уровнях размеров. Например: феноменом *"термальных плазменных"* образований, торсионно-волновых энергетических восхождений геометрической решетки Земли. Плазмы испускают длинноволновые радиочастоты, однако с изменением размера или яркости их температуры не меняются".

Зафиксированы признаки: 1. Большинство феноменов свечения – термальная плазма;

2. Светящиеся шары не являются единичными объектами, а состоят из множества маленьких компонентов, вибрирующих вокруг общего барицентра;

3. Светящиеся шары могут извергать меньшие светящиеся шары;

4. Светящиеся шары непрерывно меняют форму;

5. Усиление светимости светящихся шаров происходит только за счет увеличения области излучения.

Имеется образование, обладающее общими характеристиками с кластером; а именно, имеются серии "множественных маленьких компонентов" сферических энергетических полей (таких как атомы в кластере), "вибрирующих вокруг общего барицентра". Плазмы способны принимать несколько форм. Иногда и геометрических. Если взять спектр и нанести на поток длины волны, он напоминает типичную кривую **М. Планка**, типичную для полей ионов и электронов. Плазмы могут внезапно меняться в размере без каких-либо изменений температуры. Когда размер плазмы уменьшается, пропавшая энергия размещается в более высокой плотности эфирной энергии. *Внезапное исчезновение служит дальнейшим доказательством того, что энергия плазмы размещается в более высокой плотности эфирной энергии, становясь невидимой,* когда плазма исчезает, она вдруг понижает температуру до 100° или ниже, все происходит очень быстро. Связь между плазменными сферами, исчезновением и геометрическими структурами очевидна. Это совпадает с наблюдениями, когда в инфракрасном диапазоне удалось увидеть, как плазма похожая на овал превращается в квадрат пульсирующего света. Такие плазменные образования почти всегда связаны с какой-то формой усиления геофизической активности, когда в результате локального нарушения эфирного энергетического поля, что – то заставило видимый свет разложиться на спектр. Это указывает на то, что *энергетические плазмы* испускаются непосредственно из центра Земли, как в случае землетрясений, и, следовательно, *состоят из того же материала, что и ядро Земли.* Следует согласиться с утверждением **Пасичника**, что *центр Земли состоит из той же формы энергетический плазмы, что и Солнце. Плазма* имеет такую же температуру, что и *поверхность Солнца.*

Самая горячая область Земли – ее ядро, затем оно постепенно охлаждается, проходя через последовательные стадии слоя, известного как мантия, прежде чем, наконец, превратиться в самые холодные области на внешней стороне сферы – твердую кору или литосферу. *Магнитное поле Земли можно создать и в виде стоячей волны светящейся эфирной плазменной энергии.* **Плазменное ядро, как энергетический источник требует непрерывного притока энергии.** *Гравитация и торсионные волны – это формы эфирной энергии, непрерывно втекающей в Землю, они и есть источник энергии, без усилий проходящей через физическую материю и пополняющей плазменный источник в ядре*

Земли. Большая часть торсионно-волновой энергетической активности происходит на полюсах Земли и выравнивается с магнитным полем. Козырев обнаружил, что самые большие торсионно-полевые эффекты возле Северного полюса, Пасичник предоставил некоторые другие формы доказательства.

Внутри Земли сейсмические волны движутся быстрее по оси север-юг, чем по оси восток-запад, эти обстоятельства указывают на то, что энергетическая активность в ядре Земли ускоряется из полярных регионов. Северное сияние – это светящееся энергетическое образование, оно усиливается в соответствии с солнечной активностью и меняется в прямом соответствии с магнитным полем Земли. Сияние указывает на работу втекающей энергии. Спиралевидный вихрь энергетических электронов и протонов в форме сверх вытянутой воронки спиралевидно спускается в области полюсов Земли с очень высокой интенсивностью.

Ядро Земли слишком горячее для магнетизма металлов. Металлы не могут поддерживать магнитное поле выше определенной критической температуры, известной как точка Кюри. На глубине 100 км температуры слишком высокие, чтобы металлы могли проводить магнитное поле. Во время затмения магнитные поля Земли ослабляются, меняется и гравитационное поле, что видно из различных исследований с помощью маятника. Наблюдения показывают, что *Земля непрерывно "подпитывается" солнечным торсионно-полевым излучением и втекающими энергетическими "частицами".*

Наклон магнитного поля Земли на 29° (на 01.02.2014) от оси вращения Земли. Солнечная активность может изменять направление и интенсивность магнитных полей Земли. На полюсах непрерывно прослеживаются круговые паттерны. Магнитное поле может совершать внезапные "скачки" и полные перевороты полярности. За эти аномалии отвечает *энергетический источник в центре Земли, чувствительный к изменениям на Солнце, а не металл. Как только входящая энергия достигает центра Земли, какая-то часть ее направляется вовне, создавая эту гравитационную аномалию – плазменный ветер, поднимающийся из Земли, испускаемый из полюсов.* Это свидетельствует о том, что *полюса служат точками входа и выхода эфирной энергии.* Между эфирной моделью атома как сферического тора и крупномасштабными плазменными образованиями, такими как ядро Земли, существует взаимосвязь. Усиления солнечной активности тесно связаны с увеличением количества и интенсивности землетрясений на Земле. Когда происходят землетрясения, часто наблюдаются и аномальные плазменные образования.

Что же такое землетрясение?

Внезапный всплеск энергетической активности резко увеличивает количество энергии, втекающей в ядро Земли. Общее количество светящейся плазмы в ядре тоже увеличивается, давление Земли, окружающей и содержащей плазму, не уменьшается, поэтому избыточной энергии некуда идти, ей остается только сжиматься под действием огромного давления. Если вспышка энергии достаточно велика, тогда внезапное увеличение давления вынуждает какую-то часть плазмы перемещаться в более высокую плотность эфирной энергии. *Как только плазма достигает более высокой плотности, она легко проходит через физическую материю менее низкой плотности, образующую форму Земли, плазма больше не удерживается сжимающими силами в центре Земли и свободно удаляется из центра Земли под действием центробежной силы. Она будет естественно двигаться в области меньшей эфирной плотности около поверхности Земли.*

Как только плазма достигает этого пространства, давление ослабевает, и какая-то часть плазмы возвращается к своему исходному состоянию, в котором она пребывает в ядре Земли, какая-то часть плазмы сразу же охлаждается. Как только плазма внезапно охлаждается, она кристаллизуется в новую физическую материю. Вдоль краев трещины внезапно формируется новая материя. При этом может высвобождаться огромная взрывная сила, материя отталкивается от окружающей земной массы в полости трещины, чтобы вызывать скольжение вдоль линии сброса, происходит землетрясение. Какое-то количество плазмы остается в состоянии более высокой плотности и продолжает проходить через поверхность Земли. Когда эта энергия проходит через атмосферу она становиться видимой.

Если плазма пребывает в реверберирующем, "качающемся" состоянии, она может колебаться между видимостью и невидимостью, входя и выходя в один из двух смежных уровней эфирной плотности, что наблюдал и снимал на пленку профессор Э. Стрэнд в Норвегии.

Это позволяет объяснить феномен *"кимберлитовых трубок"* – *"великой тайной современной геологии"*, внезапный взрыв и вспышку тепла возле поверхности Земли. На месте взрыва *в коре Земли обнаруживается продолговатая полая труба, внутренняя часть трубы полностью выложена алмазами.* Считалось, что для создания алмазов и других подобных кристаллов требуются тысячи лет, но в данных случаях они формируются почти мгновенно.

Торсионные поля создают большую плотность и кристаллизацию в любой находящейся под их действием материи. Металлы, подвергающиеся действию торсионно-волновых генераторов, будут становиться значительно тверже и более кристаллизованными в своей форме. Также торсионные поля способны создавать кластерные образования в воде и других соединениях. Отсюда, плазменное образование обладает торсионными полями очень высокой интенсивности и готово моментально сжиматься в геометрические кристаллы.

В Земле происходит внезапная вспышка увеличения энергии, плазма выталкивается в более высокую плотность и покидает ядро. В свою очередь, это создает землетрясение, при котором формируется новая материя. Когда же увеличение энергии в ядре происходит медленнее и регулярнее, тогда весь размер ядра может расширяться постепенно, без перехода в более высокую плотность. В таком случае происходит увеличение размеров самой Земли.

Это увязывается с *квантовой* моделью, поскольку в кластерах, квазикристаллах атомы могут группироваться в еще большие кластеры, сохраняя единую идентичность. Когда к этим структурам добавляется достаточное количество энергии, они расширяются в размерах. Все основные структуры на всех уровнях размеров во Вселенной ведут себя в соответствии *с одними и теми же энергетическими принципами* – при втекании большего количества энергии они способны расширяться. Ядро постоянно подпитывается новой эфирной энергией и *Земля непрерывно увеличивается в размерах.*

Новые карты паттернов, скоростей и направлений расширения океанического дна показывают, что Земля подвергается экспоненциальному расширению со скоростью приблизительно 21 миллиметр в год. В 1993 ученые пришли к выводу, что Земля расширяется на 18 миллиметров в год. Согласно «Теории Расширения Земли»: *Земля "растет" в размере благодаря непрерывным увеличениям эфирной энергии, которую она получает от Солнца и других источников. Те же энергетические процессы, увеличивающие размер Земли, непрерывно создают новые молекулы, такие как водород и кислород в нашей атмосфере, увеличивая ее плотность. Затем водород и кислород связываются для образования большего количества воды, которая в виде дождя падает с небес в океаны, смешиваясь с солями земной коры.*

Если активность Земли аналогична активности на квантовом уровне, то следует включить в процесс расширения Земли геометрию *Платоновых Твердых Тел.* Наблюдения плазменных образований, принимающих спонтанные геометрические конфигурации, дает основания полагать, что плазма в ядре Земли тоже должна обладать теми же свойствами, что фиксировались в образовании кластера и квазикристалла. Исследовательские работы ученых подтвердили, что кора Земли демонстрирует "шестиугольную симметрию". Это значит, что она имеет *форму трехмерного геометрического твердого тела с шестью гранями*, если смотреть под определенными углами, такие симметричные данные говорят о том, что ядро Земли имеет форму совершенного додекаэдра – одного из пяти главных Платоновых Твердых Тел, обладающего двенадцатью пятиугольными гранями. Следовательно, геометрический феномен "кластера" продолжает делать свою работу и на больших уровнях размера, а не только в квантовой сфере. Исследования показали, что в жидкой среде уровень вибрации повышается, геометрические формы становятся более сложными. Поэтому, *если скорость вибрации в светящемся ядре Земли непрерывно повышается, тогда следует ожидать проявление деятельности непрерывно усложняющихся геометрических форм.* Ученые констатируют, что разделение континентов происходит посредством *"радиального"* или спиралевидного движения. Положения отдельных континентов по отношению друг друга остаются постоянными, а их разделение вызывается "радиальным расширением Земли". *Причина движений континентов – ускорение увеличения радиуса Земли со временем и соответствующее расширение океанического дна. Все это возникает благодаря процессам, работающим внутри Земли и выражающимся в расширении Земли.*

Представлено доказательство, что Земля расширяется во все большие и большие *формы геометрической гармонии. Сейчас континенты Земли расширились в форму комбинации икосаэдра и додекаэдра равноудаленных линий.* И вновь, процесс расширения на этой стадии происходит по спиралевидным, радиальным путям.

Конечная стадия геометрического расширения Земли, какая она сейчас – *основная пятиугольная грань*, которую мы видим, была бы гранью додекаэдра, а треугольные грани принадлежали бы икосаэдру. Очевидно, пунктирные линии представляют подводные хребты или горные хребты. В настоящее время ядро Земли имеет форму додекаэдра.

Землю окружают именно такие геометрические формы. Основываясь на расположении континентов и подводных вулканических хребтов определено, что *Земля имеет форму икоса-додекаэдральной решетки.* Средне-Атлантический хребет проходит точно вдоль зигзагообразной вертикальной линии в Атлантике.

Последние исследования тела Земли показывают, что *в процесс вовлекаются две геометрии. Имеется сочетание куба и октаэдра, сочетание икосаэдра и додекаэдра. Даже начальная стадия расширения Земли с вовлеченным тетраэдром может содержать октаэдр, поскольку в тетраэдре всегда содержится октаэдр. Икосаэдр и додекаэдр, наблюдаемые в Решетке, обладают противоположными энергетическими полями, что позволяет достигать состояния связанной гармонии.* Точно так же создается молекулярное соединение в квантовой сфере, *Напряжение, создаваемое этими вращающимися в противоположных направлениях энергетическими силами – есть подлинная причина вращения Земли вокруг своей оси против часовой стрелки.* В данном случае, когда две силы связаны, геометрия, вращающаяся против часовой стрелки, немного сильнее геометрии, вращающейся по часовой стрелке. Земля обладает глобальной энергетической решеткой, которую хорошо понимали и использовали древние цивилизации.

Феномены, происходящие на линиях и узлах решетки, на двенадцати равноудаленных друг от друга точках (вихрях) икосаэдра, наблюдающихся на поверхности Земли. С этими полями связаны паттерны и изменения в верхних слоях атмосферы, радиационные пояса и магнитосфера, в этих зонах живут угри, поглощающие железо, бактерии и электрические рыбы, располагается более 70% всей жизни на Земле (между 40° широты). Они идеальны для того, чтобы генерировать электрическую энергию.

Все вышеперечисленные эффекты могут создаваться силой, которую торсионные поля могут оказывать на физическую материю, именно это давление отвечает за формирование течений, которые обнаруживаются в океанах и атмосфере.

Дмитриев: «...*высоко заряженная энергия в пространстве между планетами сформировала двухстороннюю "схему", позволяющую событиям на Земле влиять на Солнце, а не только событиям на Солнце влиять на Землю».* Магнитные полюса быстро сдвигаются из своих положений, ведя к тому, что будет полной инверсией ориентации север-юг. Увеличение тепловой энергии в ядре Земли видно и в быстром таянии ледяных шапок на полюсах. За все эти изменения отвечает светящаяся, плазма ядра Земли. Когда вдруг давление плазмы возрастает, возникает всплеск напряженности магнитного поля и подъем температурного уровня, поднимающий температуры океана. Исследование показывает, что все они связаны с Решеткой Земли. Области высокой торсионно-полевой интенсивности – это места, где материя способна сдвигаться на более высокий уровень эфирной плотности. 13-16 декабря каждого года орбита Земли пересекается с воображаемой линией, которую можно провести между Солнцем и звездами Пояса Ориона. Между Солнцем и звездами Пояса Ориона существует активный энергетический канал. Это согласуется с тем, что существующие торсионные поля и потоки эфирной энергии связывают все звезды и текут между ними. Чем ближе мы находимся к звезде, тем сильнее будет поток, а в случае *Пояса Ориона есть три центральные звезды, находящиеся в тесной близости с четырьмя другими близко расположенными звездами, окружающими центральные звезды в форме гигантской буквы Х. Форма звезд в созвездии Ориона образует пассивный торсионный генератор.* Если соединить линиями четыре точки появления энергии на экваторе Солнца с северным и южным полюсом, октаэдр станет виднее, можно увидеть, что из всех этих точек вытекает энергия. *Активность Солнца и Луны оказывает прямое влияние на силу динамической торсионной энергии, втекающей в Землю.* Сила энергетической сферы меняется в соответствии с 11-летним циклом деятельности Солнца, а ширина сферы расширяется и сжимается в зависимости от фаз Луны.

Изменения в скорости течения времени четко увязываются с теориями Козырева о том, что *поток времени – это функция торсионного излучения, которое, в свою очередь, является функцией эфирной энергетической плотности.*

«...Едва замкнется дверь времен грядущих, умрет все знанье, свойственное нам...»
«Божественная Комедия», «Ад», Данте Алигьери, Песнь 10, стих 106.

A^S

MAGNUM OPUS DEUS SANCTUS
SANCTUM REGNUM

IMPERIUM POSSIDENTES SCIENTIA HABEAT QUI

К вопросу о « *Чёрных дырах»*

Аккреционный диск горячей *плазмы*, вращающийся вокруг «*чёрной дыры»*.

«*Черные дыры*» также как и все другие частицы, сталкиваясь с родственной античастицей, излучают собственные частицы, происходит «*разрешение двойственности*» и переход материи «*чёрной дыры*» в новое качество.

Расширение Вселенной будет происходить до тех пор, пока элементарные частицы не превратятся в «*тёмную*» материю – т.н. «*реликтовое*» излучение («*Сфера чистой Тьмы*»), которое есть результат аннигиляции материи. Остается энергия «*вакуума*», которая абсолютно будет доминировать во Вселенной. Наступит «отдых» пространства.

Чёрные дыры не могут иметь магнитный заряд (G), но обладают «*сознанием материи темного света*» т.е. материей близкой к материи «*нулевой точки*». Любая чёрная дыра стремится в отсутствие внешних воздействий стать стационарной, что было доказано усилиями многих физиков-теоретиков.

Радиус чёрной дыры определяется исходя из Цели, которая предусматривает будущее изменение Пространства*.** «Чёрная дыра» не уничтожает информацию***, потому что ***никакой сингулярности в ней нет***. Чёрные дыры ***притягивают и поглощают противоположно заряженные*** частицы материи космического пространства, формируя вращательно – поступательное спирально – циклическое движение космической системы. ***Скрытая внутренняя энергия вещества*** – это полная кинетическая энергия движения всех ее компонентов и потенциальная энергия его структуры, т.е. энергия всех межмолекулярных и внутримолекулярных физико-химических связей. Это суммарная энергия всех составляющих электронов, протонов, нейтронов, фотонов, атомов, молекул и т.д. Поэтому, до тех пор, пока не будет понята суть того, что есть «*энергия*», невозможно понять суть ***Закона Сохранения Энергии***. Скрытая внутренняя энергия определяется как масса х скорость света, а с учетом изменений ***6-ти «Const's взаимодействия»*** (на ***01.02.2014 г.*** 1кг Воды – 7,98 х 10^{19} Дж.) Надеюсь, читающие понимают, что ***А. Эйнштейн*** «не изобрел формулу», ему ее «дали» для научного, экспериментального подтверждения на данном отрезке развития мира. ***А. Эйнштейн*** честный ученый, но он не может быть «вечно знающим». (Теория относительности Эйнштейна – компонент физики для публичного пользования, физики неизбежного тупика.) «Выдавливание» внутренней энергии вещества создается преобразованием части вещества до разряженного состояния, вплоть до появления физического вакуума с помощью «**вихревого**» потока инициируемого извне (**«имплозия» В. Шаубергера**).

В рамках известных теорий, <u>скорость света</u> оказалась предельной скоростью, которую может развить физическое тело, если ***не изменять плотность*** Времени-Пространства. А если изменить, то скорость физического тела возрастет на *миллион порядков* скорости света. ***Как изменить плотность Времени-Пространства?*** Для этого следует прежде всего *изменить энергетическую структуру материи сознания* того участка пространства, где физическое тело будет перемещаться, т.е. выстроить « *тоннель*». *Гравитационный радиус Земли в настоящее время равен 7,9 мм. Для Солнца радиус Шварцшильда в настоящее время равен 3,2 км*

Гравитационное взаимодействие

$$F = G\frac{mM}{R^2}$$

Здесь **G** — гравитационная постоянная, на **01.02.2014 г.** равна *6,378×10^{-19} м³/(кг·с²).*

Гравитационное поле *не* потенциально. *И не сохраняет* суммы кинетической и потенциальной энергий. Гравитационное взаимодействие *не является* дальнодействующим. и гравитационный потенциал *не зависит* от положения тела в данный момент времени в любой точке пространства.

Гравитация — слабейшее взаимодействие. Она *не* действует на любых расстояниях, и *не* все массы положительны, в частности, электромагнитное взаимодействие между телами в космических масштабах мало, поскольку полный электрический заряд этих тел равен нулю (вещество в целом электрически нейтрально).

Также гравитация, в отличие от других взаимодействий, *не* универсальна в действии на всю материю. Пока не обнаружены объекты, у которых вообще отсутствовало бы гравитационное взаимодействие, но такие объекты существуют в космическом пространстве, например: пространственно-временные структуры, в основе которых лежит *Сознание Абсолютной Пустоты. «Формы нулевых точек »* космических планов, которые несут в себе всю тяжесть аккумуляции *«стержневых программ» развития*, как самой материи, так и самих космических объектов.

Гравитация *не ответственна* и за такие крупномасштабные проекты, как структура галактик, черные дыры и расширение Вселенной, и за элементарные астрономические явления — орбиты планет, и за простое притяжение к поверхности Земли и падения тел.

Следует отметить, что упоминаемые в теории эффекты нелинейности – как-то «*гравитация имеет свойство взаимодействовать сама с собой ...*» не соответствует действительности. Обратите внимание на формулу гравитации – что там излучает? В данном случае, а это будет правильным, формула гравитации выражает «Закон Химического Родства» пространственно-временных систем, которые помимо массы материи, имеют *энергетический потенциал, сознание, нулевую точку объекта*. На данные структуры воздействует конгломерат энергий и энергетических сил, как самих тел системы, так и влияние других систем, соседствующих с ними.

Утверждение о том, что гравитационное излучение могут генерировать только системы с переменным <u>квадрупольным</u> или более высокими <u>мультипольными моментами</u>, *не соответствует действительности*.

Начиная с 1969 года предпринимаются попытки прямого обнаружения гравитационного излучения. В США, Европе и Японии в настоящий момент существует несколько действующих наземных детекторов (<u>LIGO</u>, <u>VIRGO</u>, <u>TAMA</u> (*англ.*), <u>GEO 600</u>), а также проект космического гравитационного детектора <u>LISA</u> (LaserInterferometer Space Antenna — лазерно-интерферометрическая космическая антенна). Наземный детектор в России разрабатывается в Научном Центре Гравитационно-Волновых Исследований «<u>Дулкын</u>» республики <u>Татарстан</u>. Все это *пустая трата сил и средств*. В <u>2005 году</u> автоматический аппарат <u>НАСА Gravity Probe B</u> провёл эксперимент вблизи Земли, но так как материал исследовательского аппарата изготовлен из микроэлементов планеты, имеющих *собственную космическую частоту* самой планеты, что же он может « исследовать»?!

Гравитация является следствием других причин и ни как *не* влияет на геометрическую форму космического тела.

В последнее время разработаны три перспективных подхода к решению задачи квантования гравитации: *теория струн, петлевая квантовая гравитация* и *причинная динамическая триангуляция*. Все это звенья одной единственной теории « *Единой Теории Поля»,* которая наиболее точно отражает **Единую структуру** космического пространства. Уравнения гравитации не конкретизируют, в каком направлении должна втекать эфирная энергия. Констатируется существование гравитации как силы, отвечающей за то, что объекты не уплывают с поверхности Земли, что гравитация – это форма эфирной энергии, все силовые поля, такие как гравитация и электромагнетизм, – просто *разные формы движения эфира*. Появляется активный источник гравитации и причина его существования, что **каждая молекула всего тела планеты должна поддерживаться втекающим потоком эфирной энергии.** Энергия, создавшая Землю, *создает и втекает и в нас.* Чтобы "оставаться живой", *звезда или планета должна непрерывно вытягивать энергию из окружающего пространства,* что звезды действуют как "машины, преобразующие поток времени в тепло и свет", писал **Н.Козырев**.

Исследование Г.**Шипова, Терлетского и др.** связало энергию торсионных полей с энергией гравитации, что привело к появлению термина "грависпинная энергия" и науки "грависпинорики". В новых теориях гравитация и спин (вращение) связываются тем же способом, что и электростатика и магнетизм для образования электромагнитной волны. Хотя торсионные волны могут двигаться в любом направлении, обычно они поглощаются нисходящим потоком гравитационного поля. Гироскоп, который вращается, нагревается или проводит электричество, будет существенно уменьшать вес, если вращается против часовой стрелки. Когда же гироскоп вращается по часовой стрелке, вес остается неизменным, падая на поверхность Земли, объект будет демонстрировать вращательное движение. Это происходит благодаря *тонкому спиралевидному давлению торсиона, которое передается потоку эфира (гравитации), когда он стремится в землю, поддерживая существование всех ее атомов и молекул.*

Эффект **Кориолиса** создается вращением против часовой стрелки в северном полушарии и вращением по часовой стрелке в южном. Он считается основной силой, ответственной за системы погоды, географическое место оказывает значимое влияние, ибо показывает, что *самое большое количество энергии торсионных волн втекает в Землю в полярных регионах и ослабевает по мере движения к экватору.*

Козырев определил, что торсионная энергия течет по-другому в южном полушарии Земли, чем в северном полушарии.

А. Чернетский и его группа открыли, что "самогенерирующий разрядный генератор" может создавать "статическое" или не движущееся торсионное поле в самой структуре пространства-времени. В эфире мог создаваться текущий "поток", даже если в этом месте не существовало материи, ученые называют эту концепцию "вакуумным структурированием" и это вновь демонстрирует, что в предположительно пустом пространстве "что-то есть" – нечто, что *наследники Мистерий Атлантов знали как "эфир".*

"Эффект квантования". В опытах с вибрациями на весах *изменение веса тела...* происходит скачком, начиная с некоторой энергии вибрации. При дальнейшем увеличении частоты вибраций изменение веса... остается сначала неизменным, а затем увеличивается скачком на ту же величину..."**Эффект квантования"** – очень важный аспект к пониманию *многомерной природы* материи. Он иллюстрирует, что *атомы и молекулы обладают структурой сферических волн*, напоминающей лук.

В.Гинзбург обнаружил, что *при движении вместо наращивания массы объект на самом деле возвращает энергию назад в эфир.* При приближении к скорости света это вынуждает его постепенно терять все основные характеристики гравитационной массы, массы инерции и электрический заряд.

"Принцип Эквивалентности" гласит: *гравитация и инерция – две формы одной и той же энергии, они обладают одинаковой силой, но одна движется вниз (гравитация), а другая создает сопротивление, когда мы дви-*

жемся в пространстве (инерция). Как только объект получает ускорение, добавочное давление сжимает атомы и молекулы и вынуждает его высвобождать все большее и большее количество эфира.

Только пребывающая в покое частица может считаться "чистой" материей. Как только она *начинает двигаться*, в соответствии с новыми уравнениями относительности, ее *гравитационная масса и электрический заряд начнут уменьшаться* так, *что часть материи будет превращаться в поле. Когда скорость частицы становится равной исходной скорости "Света" спиралевидного поля, ее гравитационная масса и электрический заряд обращаются в ноль.* В этот момент материя полностью превратится в "чистое" поле", двигаясь со скоростью света, объект становится "чистым полем". Как только объект ускоряется до скорости света, либо линейным движением, либо внутренней вибрацией, либо соответствующим энергетическим действием, потерянная энергия и масса просто переходят на более высокий уровень вибрации эфира.

Почему существует *"поток" заряда?* Противоположные заряды или положительная и отрицательная полярности заряда – *разница* в давлении эфира. *Отрицательное электронное облако обладает более высоким давлением, а положительный центр имеет более низкое давление.* Поэтому, *отрицательные заряды в электронных облаках текут в положительно заряженную область в центре атома.* Это открывает возможность *объединения электромагнетизма и гравитации, ибо и гравитация и полярность заряда представляют собой нагнетание эфирной энергии по направлению к центру объекта.* Эзотерическая наука сказала бы, что это две формы *"стремления всей материи и энергии вновь стать «Одним».* Единственная разница между гравитацией и полярностью заряда – *в силе эфирного давления и в степени симметрии, с которой энергетический поток давит на поверхность сферы.* Об этом пытался рассказать миру **Н.Тесла.** («Динамическая теория гравитации» – *в материи нет другой энергии, кроме энергии, получаемой из среды.*)

Гравитационные силы на Земле весьма постоянны от места к месту, в то время как *в атоме, между электронными облаками есть области, где "течения" энергии к центру не существует,* тогда концепция об "эфирном давлении" заряда и его полярности проясняется. "Эфирную" концепцию заряда *как потока эфира,* где *отрицательный заряд является областью высокого давления* в море эфирной энергии, и это давление будет течь в области более *низкого давления* того, что мы называем *положительным зарядом.* Когда между отрицательным и положительным полюсами возникает взаимодействие, *в окружающем эфире* создается поток энергии. Этот поток будет двигаться в направлении положительного полюса. Этот эффект достаточно силен, чтобы противостоять гравитации. Факт очень важен, т.к. это положение легло в основу скалярной физики, нелинейной формы эфирной физики, которую предложил миру *Н.Тесла.*

Д.Д. Томпсон открыл электромагнитный импульс, сказав, что: «...в каждой единице электромагнитного поля содержится определенная величина механического импульса, пропорциональная векторному произведению электрического и магнитного векторов..., что *эфир* является проводником механической движущей силы... ». *Электрическая сила или импульс возникает в окружающих диэлектриках и заполненном эфиром пространстве, а проводники лишь направляют действие.* Как указывал **Н.Тесла:** «электрические цепи являются *не закрытыми, а открытыми* системами и действуют как местные структуры и преобразователи среды и ее энергии...».

Таким образом: • *"Твердых" частиц не существует, есть только группирования энергии.*

• *Каждое квантовое измерение можно геометрически объяснить как форму структурированных, пересекающихся энергетических полей.*

• *Атомы – это вращающиеся в противоположных направлениях энергетические формы в виде Платоновых Твердых Тел, а именно вращающиеся в противоположных направлениях октаэдр и тетраэдр. Причем каждая вибрационная/пульсирующая форма соответствует* **конкретной основной плотности эфира.**

• *Во всей Вселенной, все уровни плотности или измерения структурированы из двух первичных уровней эфира, непрерывно взаимодействующих между собой.*

Вся материя во Вселенной является элементом взаимосвязанной геометрической матрицы, существующей друг в друге, делящий общую ось и способной вращаться в противоположных направлениях.

A^S

MAGNUM OPUS DEUS SANCTUS
SANCTUM REGNUM

IMPERIUM POSSIDENTES SCIENTIA HABEAT QUI

Исцеление с точки зрения «*Теории вихревой структуры пространства*».

Как известно, структура вселенной представляет собой систему геометрических тел, материя которых имеет собственную поляризацию частиц (правую или левую), что, собственно, лежит в основе формирования и существования различных космических планов её пространства.

Космические планы взаимосвязаны между собой системой энергетических потоков, проходящих через т.н. «*нулевые точки*» или «*точки стабильности*» или «*точки наименьшего сопротивления*», определяемые динамикой векторов энергетических потоков. Об этом весьма подробно изложено в материалах «*Динамической теории эфира*» Н.Теслы, «*Вихревой модели ядерной физики*» О.К. Хильгенберга, Э.Т. Уиттекера «*Дифференциальные уравнения в частных производных в математической физике*».

Поток вектора энергии, несущий материю сознания «*нулевой точки*» первоначального импульса из Центральной точки любой космической системы, увлекает за собой частицы материи пространства, формируя гравитационную массу. Эта масса формируется по принципу «*подобное притягивает подобное*» (как капли ртути) или как выражались древние – «*По закону химического родства*». *Силовое поле тела, обладающего гравитацией, состоит из бесконечного числа составляющих его полей, каждое из которых имеет волновую природу и состоит из простого возмущения. Эти возмущения распространяются с постоянной скоростью и не изменяются во времени.* В каждом из этих полей потенциал постоянен вдоль фронта волны, а гравитационная сила каждого поля направлена перпендикулярно фронту волны.

Человек, в данном контексте, представляет собой *некий инструментарий* Высших Сил – «*корпускулярно – волновой пакет*», гравитационную массу, выстроенную в форму, где силовое поле (аура) состоит из конкретного числа, составляющих его полей и каждый орган обладает собственным спином. Проводник снабжен устройством – «*концентратором рассеянной информации*» – энергетической структурой физического головного мозга, которая содержит в себе (в определенных зонах) изначально материю (*хроматины*) космических планов пространства.

«*Каркасом*» биологического тела человека служит – структурная схема потоков энергии, а «*волновым пакетом*» – «*универсальный информационный интеграл*» – «*душа*» (гравитационная масса, совокупные воплощения Сущности). Структурная схема потоков энергии совместно с «*душой*» «оформляют» *образ* человеческого тела, в него встраиваются «*хроматины*», используя для этой цели *генетический код – программу последовательности нуклеотидов, закрепленную в ядрах клеток,* которые формируют внешние и внутренние органы биологического тела. Эта структура принимает на себя всю тяжесть по «*строительству*» будущего тела проявления человеческого существа.

Используя волновой принцип построения материи, в сочетании с элементами гравитации, «*душа*» ещё в утробе матери начинает «закладывать» требуемые характеристики материи сознаний не проявленной реальности из космического пространства, чтобы биологическое тело (как система) было способно принимать необходимые энергии. Созданная *биологическая мыслящая система* предназначена для познания окружающего мира и самой себя, осознания своего существования, проведения в жизнь различных идей Управляющего космического разума в мирах материи. В конечном итоге это проявляется как «*личные и деловые качества*» индивидуального сознания, направленные на формирование творческой личности в обществе.

В таком случае, исцеление человека сводится к восстановлению *первоначальной поляризации спинов материи* различных органов тела, используя для этой цели некоторую «*технологию*» – разрушение негативной материи и вывод её из тела («проводника»), принудительное нагнетание материи, содержащей первоначальную поляризацию спинов и «закрепление» её в теле человека. Это осуществляется «техникой» перевода гравитационной массы материи в энергию через «*нулевые точки*» атомов. Науке известно, что «*нулевые точки*» атомов – это миниатюрные «*черные дыры*» различной поляризации в пространстве. Тело человека также имеет «*точки входа и выхода*» энергии и материи из окружающей среды – т.н. «*чакры*» или энергетические центры.

Для того, чтобы осуществить подобные действия, направленные на исцеление конкретного существа (человека, животного, растения, минерала) исследователю необходимо: достичь самому определенной ступени развития; создать необходимое «*оснащение*» (способность) собственного «проводника», которое позволило бы ему воспользоваться возможностью привлечения целебных «*нуль – энергий*» пространства; знание Законов Природы. Здесь не обойтись без *науки управления пространством – Теургии (Магии)*, знание которой не может быть выдано обществу. Оно строго охраняемо было во все времена существования человечества. Оно не утрачено, оно есть, но не для всех.

В средствах массовой информации часто задают вопрос о том, как жрецы могли исцелять людей без каких – либо лекарств, надеюсь, что читающий эти строки нашел для себя ответ – *ЗНАНИЕ*. «*Знание*», как известно, – базис «*Власти*». Ибо сказано: «*Власть принадлежит тому, кто знает*».

A^S

MAGNUM OPUS DEUS SANCTUS
SANCTUM REGNUM

РЕЗЮМЕ

Термоядерный синтез. Физика гиперпространства, единая теория поля, энергия нулевой точки, ударные волны в спиновой турбулентной плазме, пульсации электрической дуги во вращающейся плазме, космос. Энергия и структура пространства – времени.

Источник энергии, запущенный термоядерной детонацией, на короткое время превращается в локальный вихревой канал, который образует воронку (портал) в гиперпространстве, благодаря вращению плазмы и появлению во вращающейся плазме *«нулевой точки»*. По этому каналу притягивается дополнительный поток нейтронов из возникающего вихря в материи пространства непосредственно в сам реактор, поддерживая тем самым постоянство процесса термоядерного синтеза. Формируется *«канал – воронка»* (вихрь) для переноса энергии из гиперпространства. Вектором переноса выступает *«энергия нулевой точки»* плазмы, образованной в устройстве, которая излучает динамическую энергию, воздействующую на вакуум пространства, формируя вихревой канал передачи энергии. Это подтверждает сообщение Николы Теслы о возможности передачи энергии в любую точку пространства, планету и т.д. *Вращающаяся ударная волна в электрически пульсирующей вращающейся плазме переносит дополнительную энергию из другого источника.* В пространстве формируется «спиральный» тор, который осуществляет «накачку» энергии из пространства в созданные терминалы, планеты, конденсаторы. Например: наше Солнце. Применение тех или иных изомеров позволяет осуществлять «управление» термоядерным синтезом, т.е. контролировать *временной отрезок детонации* до возникновения пространственного канала передачи энергии. Это зависит от массы созданной плазмы и выбранного изомера. Работу плазменного реактора можно существенно улучшить, если ввести смесь реагентов в зону высокоэнергетической дуговой плазмы на очень высоких скоростях. Данное обстоятельство позволяет создание высокоскоростных, управляемых магнитным полем, плазменных систем деления атомных ядер и термоядерного синтеза. А также возбуждение структуры пространства пульсирующей плазменной имплозией для привлечения энергий из другого источника, контролировать скорость распространения гравитации, т.к. процессы термоядерного синтеза в плазме преобразовывают дополнительную энергию, полученную в результате искривлений времени – пространства в *«энергию нулевой точки»*. Сильно сжатое поле электронов становится детектором обмена энергии с *«энергией нулевой точки»*, способствует появлению *«ячеек высокого давления и высокой плотности»* в пространстве – *«черных дыр»*. Кроме того, на основе обменных связей существует реальная возможность извлечения, пропорционально сжатию, определенного количества *«энергии нулевой точки»*, что приведет к появлению абсолютно нового источника энергии. Пространство имеет ячеистую структуру, которая при искривлении становится источником динамической энергии.

Зеркало «инь – ян» – устройство для создания скалярного оружия большой мощности. Основной принцип работы: водородная плазма – необходимое условие для доступа к квантам вакуума или флуктуациям *«энергии нулевой точки»*, а также для управления локальной структурой пространства – времени окружающей среды; фазовое сопряжение зеркала – антенны (аналога сдвоенного генератора гармонических колебаний), направляет сверхсветовую волну, которая сцепляется с потоком вакуума (сжатие потенциала вакуума скалярной волной – когерентность потока *«энергии нулевой точки»*); модулируется гравитационной массой материи окружающей среды, акустической и когерентной электромагнитной энергией микроволнового диапазона, и направляет их со сверхсветовой скоростью на цель, вызывая цепные ядерные реакции непосредственно в ядрах атомов цели, размеры которой не имеют значения. Происходит разрушение атомов вещества цели вследствие воздействия *«энергии нулевой точки»* скалярной волны на *«нулевые точки»* материи. Параболические поверхности конструкции собирают и фокусируют излучение локальных космических систем, информацию, содержащуюся в полях основных галактик и солнечных систем, чтобы затем конструкция генерировала и модулировала импульс, как модулирует *аналоговый компьютер,* имеющий кроме математической основы ещё и физическую, к любому возможному приемнику этого излучения. Сама волна – исследуемая система и аналоговый компьютер позволяет в любой момент проводить её прямые измерения. Электромагнитная волна синусоидальной формы и диэлектрический продольный скалярный импульс не перпендикулярны друг к другу и плоскость каждой волны распространяется вдоль оси, определяемой общим вектором. Нелинейные материалы, применяемые в конструкции *«Зеркала»,* играют ключевую роль в формировании необходимого *«качества плотности»* скалярной волны, привнося нелинейные свойства в общую функцию фазового сопряжения, т.е. *изменять параметры физических констант материи* пространства (генерировать колебания в широком диапазоне). Так формируется инвариантность физических процессов, которые расширяют «шкалу» настройки устройства на *гармоническую сигнатуру* (собственную космическую частоту – резонансную частоту) цели, используемой в качестве основы. Направление инвертированного импульса в область цели приводит к образованию виртуальных частиц той же массы, но с противоположным спином, *аннигиляции материи* самой цели и появлению вакуума (*«черной дыры»*) возле неё. Нацеливание осуществляется посредством гармонической интерферометрии.

$$A^S$$

www.ingramcontent.com/pod-product-compliance
Lightning Source LLC
Chambersburg PA
CBHW071307170526
45165CB00003B/1450